Charles Nyanga

Análise de Custo-Benefício da Restauração de Manguezais

Charles Nyanga

Análise de Custo-Benefício da Restauração de Manguezais

Análise de Custo-Benefício de um Programa de Restauração de Manguezais como Estratégia de Mitigação das Alterações Climáticas na Lagoa De Gi em VN

ScienciaScripts

Cover image: www.ingimage.com

Este livro é uma tradução do original publicado sob ISBN 978-620-2-67863-6.

Publisher:
Sciencia Scripts
is a trademark of
International Book Market Service Ltd., member of OmniScriptum Publishing Group
17 Meldrum Street, Beau Bassin 71504, Mauritius
Printed at: see last page
ISBN: 978-620-2-63327-7

COMPROMETENDO

Comprometo-me a que a tese intitulada: ***"Análise dos Custos e Benefícios do Programa de Restauração do Mangue como Estratégia de Atenuação das Alterações Climáticas na Lagoa De Gi na Província de Binh Dinh"***, é o meu próprio trabalho. O trabalho não foi apresentado noutro local para avaliação até ao momento em que esta tese é submetida.

Khanh Hoa, 2 de Maio, 2018

Charles Nyanga
Autor

AGRADECIMENTOS

I, Charles Nyanga, deseja agradecer o apoio financeiro da Agência Norueguesa de Cooperação para o Desenvolvimento (NORAD) através do Programa Norueguês para o Desenvolvimento de Capacidades no Ensino Superior e Investigação para o Desenvolvimento (NORHED) para o Mestrado Internacional em Gestão de Ecossistemas Marinhos e Alterações Climáticas (MEMACC).

Desejo também reconhecer o financiamento da NORAD para a bolsa de estudo integral que me foi concedida para me permitir prosseguir o Mestrado Internacional (MEMACC).

Também expresso a minha gratidão ao Ministério da Educação e Formação da República Socialista do Vietname pelo apoio material e financeiro através da Faculdade de Pós-Graduação da Universidade de Nha Trang e do Departamento de Cooperação Externa (DEC).

I, desejo agradecer ao Departamento de Agricultura e Desenvolvimento Rural da Província de Binh Dinh pela assistência prestada durante o exercício de recolha de dados.

Agradecimentos especiais ao Professor Kim Anh Nguyen da Universidade Nha Trang, Vietname e ao Professor Curtis Jolly da Universidade de Auburn, Estados Unidos da América, pelos seus conselhos, paciência, orientação, motivação e conhecimento especializado que me permitiram completar a minha investigação e escrever a minha tese com sucesso. Além disso, todos os meus professores da Universidade Nha Trang (Vietname), Universidade de Tromso (Noruega), Universidade de Bergen (Noruega), Universidade de Ruhuna (Sri Lanka) e Universidade de Bogotá (Indonésia) merecem ser reconhecidos pelas contribuições na minha preparação para o trabalho de tese.

Quero também agradecer-vos à minha família, aos meus pais, aos meus irmãos e irmãs, à minha mulher e aos meus filhos pelo apoio espiritual que me prestaram ao longo do meu período de estudo. Finalmente, os meus agradecimentos vão para os meus colegas de turma pelo encorajamento e entusiasmo que me deram. Os meus agradecimentos especiais vão para Loi To Thi Bich por me permitir utilizar os seus dados para o meu relatório.

Khanh Hoa, 2 de Maio, 2018

Charles Nyanga

Autor

ÍNDICE

LISTA DE ABREVIATURAS

ACCCRN	Rede de Resiliência às Alterações Climáticas das Cidades Asiáticas
ASEAN	Associação das Nações do Sudeste Asiático
BAU	Negócios como de costume
BCR	Relação Custo Benefício
BFT	Transferência de benefícios
BMZ	O Ministério Federal Alemão para a Cooperação Económica e Desenvolvimento
CBA	Análise de custo-benefício
CICES	Classificação Internacional Comum de Serviços de Ecossistemas
CIEM	Instituto Central de Gestão Económica
TIC	Citação
CP	Mudança na produção
CVM	Método de Avaliação Contingente
DERGDevelopment	Economics Research Group
DESA-SD	Departamento de Assuntos Económicos e Sociais - Departamento de Estatística
EGS	Bens e Serviços de Ecossistemas
UE	União Europeia
EVC	Coeficientes de Valor Económico
FAO	Organização das Nações Unidas para a Alimentação e Agricultura
FCR	Taxa de conversão alimentar
GHG	Gases Verdes para a Casa
GoV	Governo do Vietname
GRETLGNU	Regressão, Enometria, Biblioteca de Séries Temporais
GSO	Gabinete Geral de Estatística do Vietname
UICN	União Internacional para a Conservação da Natureza
IRR	Taxa Interna de Retorno
MA	Meta-Análise
MARD	Ministério da Agricultura e do Desenvolvimento Rural
MEA	Avaliação do Ecossistema do Milénio

MEMACCMarine Based Ecosystems Management and Climate Change

MFF Manguezal para o Futuro

MONRE Ministério dos Recursos Naturais e do Ambiente

MV Valor de mercado

ONG Organização não-governamental

NMV - SP Método de avaliação não-mercantil

NORADNorwegian Agency for Development Cooperation

NORHEDPrograma **norueguês** para o Desenvolvimento de Capacidades no Ensino Superior e Investigação para o Desenvolvimento

NPV Valor actual líquido

NTU Universidade de Nha Trang

PES Pagamento de Serviços Ecosystems

ProEcoServ Projecto para Serviços de Ecossistemas

PVB Valor actual dos benefícios

SDG Objectivos de Desenvolvimento Sustentável

SEA Sudeste Asiático

SES Síntese de estudos existentes

TEV Valor Económico Total

ONU Nações Unidas

USD Dólar dos Estados Unidos

VND Viet Nam Dong

WRI Instituto de Recursos Mundiais

WTP Vontade de pagar

WWF Fundo Mundial para a Natureza

ABSTRACT

As florestas de mangue ocupam aproximadamente não mais de 1% das terras florestadas do mundo, de acordo com os peritos. Estes importantes ecossistemas estão actualmente a perder-se a um ritmo alarmante. A aquacultura, o desenvolvimento urbano, a agricultura e o desenvolvimento industrial foram observados como as principais causas destas perdas de mangais. Os mangais são uma importante fonte de bens e serviços dos ecossistemas (EGS), entre os quais se encontram o sequestro de carbono, fornecendo áreas de reprodução e viveiros para várias espécies de flora e fauna, materiais, medicamentos, e protecção contra o impacto das alterações climáticas.

Este estudo investigou a análise custo-benefício de um programa de restauração de mangais, particularmente na lagoa De Gi da província de Binh Dinh do Vietname. A metodologia envolveu a recolha de dados tanto de fontes secundárias como primárias, tais como Discussões de Grupos de Discussão (FGDs), entrevistas de Peritos, administração de questionários de inquérito e síntese de resultados de investigações anteriores. Posteriormente, foi efectuada uma análise para calcular o rácio benefício/custo (BCR), valor presente líquido (VAL), taxa interna de retorno (TIR, apenas para restauração de mangais), taxa média de retorno (ARR), período de retorno (PBP), e rácio incremental do custo do benefício (IBCR). Os resultados mostraram que a restauração e conservação dos mangais parece ser uma melhor opção em oposição à conversão e destruição dos mangais para o desenvolvimento da aquacultura sem manguezais. Isto foi apoiado por resultados de outros estudos em todo o mundo que mostraram que os mangais eram muito valiosos como fonte de EGS, tais como a produção aquícola e apoio à pesca, mitigação do impacto das alterações climáticas, bem como adaptação ao nome, mas poucos.

Neste estudo, foi fortemente recomendado que o governo do Vietname (GoV) apresentasse programas destinados tanto a informar as comunidades piscatórias como aquícolas sobre a importância da restauração dos mangais, encorajando a gestão e conservação dos ecossistemas com base na comunidade em benefício das gerações presentes e futuras.

Palavras-chave: Florestas de mangue, ecossistemas, aquicultura, alterações climáticas, mitigação, conservação

CAPÍTULO 1 INTRODUÇÃO

1.1 Informação de base

O termo manguezal *(Rhizophoraceae)* refere-se a várias espécies vegetais (árvores e arbustos) que são tolerantes a águas salgadas e crescem normalmente nas zonas intertidais das costas pertencentes às costas tropicais e subtropicais abrigadas (UN Environment, 2014). O termo é aplicado tanto a plantas individuais como a ecossistemas inteiros ocupados por mangais. A área coberta pelos manguezais é referida como mangal. Os manguezais cobrem menos de 1% das florestas tropicais em todo o mundo (UN Environment, 2014). Os mangais são uma espécie vegetal bem adaptada que cresce em zonas húmidas de água doce, salobra e salgada. Ocorrem predominantemente em zonas húmidas de água salobra e salobra, uma vez que isto tende a eliminar a concorrência de plantas e arbustos que se adaptam às zonas húmidas de água doce. Os mecanismos de adaptação dos manguezais incluem mecanismos de coping sal que lhes permitem filtrar mais de 90% do sal na água do mar; mecanismo de acumulação de água que lhes permite acumular água em folhas espessas e suculentas; e respiração de várias formas utilizando peças de snorkel (Museu Americano de História Natural, 1999).

As florestas de mangue estão confinadas às regiões ^{300} Norte e ^{300} Sul do equador. A área total ocupada por florestas de mangais no mundo é de 18,1 milhões de hectares. O Sul e Sudeste Asiático têm um total de 7,5173 milhões de ha de área de mangais. Isto é igual a 41,5% da área total mundial de mangais (Spalding, Blasco, & Field, 1997).

O Vietname com uma população de 95,541 milhões de habitantes e uma densidade populacional de 308,1 pessoas por km2 (DESA-SD, 2017), é na sua maioria um país costeiro com uma linha costeira de 3.260 km de comprimento e ocupa uma massa de terra de 33,1 milhões de ha. O país está localizado a ^{140} 3' 29,96" N e 1080 16' 37,91" E (coordenadas GPS, 2018). Este país tinha cerca de 408.500 ha de florestas de mangais naturais e densas antes das guerras, em 1943 , e em 2001 as florestas de mangais tinham sido reduzidas para 156, 608 ha dos quais 32.402 ha (21%) eram florestas de mangais naturais e 122, 892 (79%) eram florestas de mangais plantadas de acordo com as estatísticas de 2001 (Hong & Dao, 2005; Agência de Protecção Ambiental do Vietname, 2005). Spalding et al. (1997). O Atlas Mundial dos Mangais relata que no Vietname algumas das perdas de florestas de mangais ocorreram devido à utilização de herbicidas e napalm durante a guerra, de 1955 a 1975. Também afirmam que em 1997 o Vietname tinha 272, 300 ha de florestas de mangais e duas áreas protegidas com mangais, e também informa que o governo vietnamita replantou mais de 53, 000 ha de florestas de mangais desde 1990 (Spalding et al., 1997). Estes valores são muito superiores aos relatados por outros investigadores como Hong e Dao (2005). Napalm, que foi utilizado para destruir as florestas de mangue, é um espessador de gasolina utilizado para fins de guerra de chamas. O napalm é principalmente um despojo de alumínio de mistura de coco oleico, e ácidos nafténicos contendo também pequenas proporções de ácidos gordos não combinados, insaponificáveis, impurezas inorgânicas e humidade (Mysels, 1949). Este produto químico é perigoso e aparentemente queimou a maior parte das florestas de mangue no Vietname.

(a) Espécies de mangue replantadas no Vietname

O mundo tem mais de 73 espécies de mangais em crescimento em mais de 123 países. O Vietname tem mais de 31 espécies e foi feito algum esforço na replantação do mangue para substituir algumas das anteriores perdas de espécies que se perderam durante as guerras e após as guerras devido a várias actividades de desenvolvimento. Algumas das espécies que foram replantadas, como relatado por Spalding et al (1997) são mostradas na tabela 1.1 (Spalding et al., 1997).

Quadro 1.1: Espécies de mangueiras replantadas no Vietname

	Espécie	Família	Classificação superior (Género)	Nome comum
1	*R. mucronato*	Rhizophoraceae	Rhizophora	Mangue vermelho
2	*R. apiculota*	Rhizophoraceae	Rhizophora	Mangue alto e pomposo
3	*R. stylosa*	Rhizophoraceae	Rhizophora	Mangue mangue manchado
4	*K. candela*	Rhizophoraceae	Kandelia	Mangue oriental
5	*Avicennia alba*	Acanthaceae	Avicennia	Api api
6	*C. decandra*	Rhizophoraceae	Ceriops	Mangue com folhas soltas e sem vegetação
7	*S. caseolaris*	Lythraceae	Sonneratia	Maçã mangue

8	*Nypa fruticans*	Arecaceae	Mangue de palma

Fonte: Compilado pelo estudante para este relatório, 2017 com base em dados de (Campo, 1990)

No entanto, apesar da substituição de várias espécies, as perdas sofridas são bastante pesadas. Spalding et al (1997), informa que a SEA tinha sofrido algumas das maiores perdas em mangais. A perda de florestas de mangais no Sul e Sudeste Asiático experimentada por quatro países que são muito activos na restauração de mangais é mostrada na tabela 1.2 abaixo. Estas perdas ascendem a 4% da área total de mangais a nível mundial e pode verificar-se que o Vietname sofreu a maior quantidade de perdas entre os quatro países durante este período (Spalding et al., 1997).

(b) Perda de mangue em quatro dos países mais activos na restauração de mangais na Ásia

Quadro 1.2: Perdas florestais de mangues nos países do Sudeste Asiático durante os períodos medidos (1960 - 1997)

País	Área original dos Mangais (ha)	Área de perda (ha)	Percentagem de perda (%)	Período
Malásia	708,333	85,000	12%	1980-1990
Filipinas	400,000	160,000	40%	1960 -1997 *
Tailândia	550,000	247,000	44.9%	1961- 1986
Vietname	400,000	252,500	63.13%	1962 - 1972
Total	2,058,333	744,500	36.17%	1960 - 1997

Fonte: Adaptado de (Spalding et al., 1997) e modificado para este relatório
Nota:
** Este período é estimado com base nas actividades na região*

Estes mangais desempenham um papel muito importante no apoio à subsistência das comunidades costeiras no Vietname. Os mangais fornecem recursos como lenha, carvão vegetal, alimentos, medicamentos, tanino, e materiais de construção. Os ecossistemas dos mangais fornecem apoio à biodiversidade como habitats para diversas espécies de anfíbios *(Anfíbios)*, répteis *(Répteis)*, mamíferos *(Mamíferos)* e aves *(Aves)*. Fornecem recursos aquáticos através do apoio à vida marinha e fornecem uma ligação importante na teia alimentar marinha, disponibilizando detritos para criar biótopos para criaturas marinhas. Os mangais também fornecem habitats e locais de reprodução para camarões

(Caridea), peixes *(Ichthyoidea)*, caracóis *(Achatinoidea)*, caranguejos *(Brachyura)*, sapos *(Rana Temporaria)* e os seus juvenis; os mangais actuam como rins gigantes filtrando resíduos sólidos; os mangais actuam como paredes verdes protegendo as áreas costeiras da intrusão salina e fornecendo protecção contra tempestades, formando assim diques naturais (Hong & Dao, 2005).

1.2 A Declaração do Problema

O problema reside na sobre-exploração e na dupla destruição da conversão de florestas de mangais para outros usos como a aquacultura de camarão, o desenvolvimento urbano e industrial, por um lado, e os herbicidas e napalm utilizados durante as guerras (1955 a 1975), por outro (Spalding et al., 1997). Estas actividades levaram à perda dos rins gigantes naturais para a filtração de resíduos sólidos, perda de diques naturais, bem como perda de habitats e locais de reprodução de criaturas marinhas e outras. O governo do Vietname (GoV) com o apoio de Organizações Não Governamentais (ONG), o Banco Mundial, outras organizações internacionais e organismos económicos regionais como a Associação das Nações do Sudeste Asiático (ASEAN) e a Asian Cities Climate Change Resilience Network (ACCCRN) tem vindo a fazer esforços para replantar os mangais, como já foi referido anteriormente. De acordo com o World Resources Institute (WRI), desde 1978 até à data, mais de 18.000 ha foram replantados, elevando o total para 172.000 ha de aproximadamente 150.000 ha (Org, Buckingham, & Hanson, 2015).

O que agrava então o problema? As florestas de mangue saudáveis têm três funções centrais. De acordo com a Organização para a Alimentação e Agricultura (FAO ,2007), estas três funções essenciais são: (1) Funções de produtividade directa, nomeadamente fornecer madeira e postes de construção de alta qualidade, madeira combustível, madeira para celulose, pastas para animais domésticos, produtos não florestais (isto é, tanino, medicamentos, adesivos, etc.). O problema aqui é que os mangais fornecem um valor estimado de produtos entre 1,0 mil milhões de dólares e cerca de 6,0 mil milhões de dólares por ano em serviços ecossistémicos. Assim, a conservação dos mangais tenderá a contribuir para a realização de vários Objectivos de Desenvolvimento Sustentável (ODS), nomeadamente: SDG 1 (acabar com a pobreza e a fome), SDG 2 (promover o trabalho digno) e SDG 3 (promover o desenvolvimento económico). (2) Funções ecológicas, nomeadamente: desova e viveiros de peixes *(Ichthyoid)* e crustáceos *(Crustacea)*, manutenção de processos de construção de delta (formação da terra), conservação do solo (ao longo de rios e margens de riachos), habitat para a vida selvagem (aves *(Aves),* lontra *(Lutrinae),* crocodilos *(Crocodylinae),* etc.). O problema aqui é que 10% de todas as espécies de peixes conhecidas fazem uso de mangais. Por conseguinte, a conservação dos mangais acrescenta notavelmente ao SDG 15 (deter a perda de biodiversidade). (3) Funções de protecção e sequestro, nomeadamente: protecção contra tempestades (resistência hidráulica contra tempestades), abrigo e protecção da linha costeira, bem como sequestro de CO_2. O problema aqui é que os mangais são capazes de sequestrar 3 a 5 vezes mais CO_2 do que as árvores da floresta terrestre. Por conseguinte, a conservação dos mangais tenderá a contribuir para a consecução do SDG 13 (adaptação e mitigação das alterações climáticas) (FAO, 2007; WWF, IUCN, & BMZ, 2017). Todos estes benefícios que são obtidos a partir destas funções desaparecerão se os manguezais não forem restaurados e a realização de muitos ODS poderá não ser alcançada. Além disso, o problema agrava-se uma vez que as áreas costeiras vietnamitas estão sob extrema pressão devido a factores naturais de stress, como o aumento da temperatura das alterações climáticas e tempestades. A sobre-exploração para a agricultura, pescas e aquacultura também acrescentou stress às florestas de mangais (Field, 1990).

Um estudo de Tinh et al (2013) na Lagoa Thi Nai mostrou que os benefícios da restauração e conservação dos mangais eram aparentemente mais elevados do que os benefícios da conversão dos mangais para fins de aquicultura (Tinh, Toan, & Tuan, 2013). A área de estudo para este projecto de investigação actual foi a Lagoa De Gi, nos distritos de Phu My e Phu Cat, na província de Binh Dinh. Não houve quaisquer estudos sobre os custos e benefícios da restauração dos manguezais nesta lagoa. O estudo irá sondar dois cenários possíveis, nomeadamente: (1) Conversão de florestas de mangais para a aquicultura; (2) Restauração das florestas de mangais e introdução de procedimentos de gestão ecossistémica e ambiental.

Após a conclusão e conclusão, este estudo contribuirá para a disponibilidade de literatura sobre a Análise de Custos-Benefícios da restauração de mangais e opções de desenvolvimento da aquacultura face às alterações climáticas na Lagoa De Gi para consideração pelos decisores políticos, para utilização por docentes profissionais, investigadores e estudantes.

1.3 Objectivos do estudo de investigação

O principal objectivo deste projecto de investigação é a realização de uma análise custo-benefício (CBA) de um programa de restauração de mangais como estratégia de mitigação das alterações climáticas na Lagoa De Gi na Província de Binh Dinh.

Para alcançar o objectivo principal acima referido, a investigação tentará fazê-lo:

(1) Determinar os custos e benefícios do desenvolvimento da aquacultura versus a restauração dos mangais das comunidades da Lagoa De Gi

(2) Examinar a vontade individual de participar num programa de restauração de manguezais como estratégia de mitigação das alterações climáticas usando um modelo de regressão Tobit

CAPÍTULO 2 REVISÃO DE LITERATURA

2.1 Ecosystems Goods and Services (EGS) - bens e serviços gratuitos da natureza

Os bens e serviços dos ecossistemas (EGS), que consideramos como bens e serviços gratuitos da natureza, foram categorizados de várias formas diferentes, nomeadamente (i) agrupamentos funcionais, como regulação, transporte, habitat, produção e serviços de informação; (ii) agrupamentos organizacionais, como serviços associados a determinadas espécies, que regulam determinados inputs exógenos ou que têm uma relação particular com a organização de serviços bióticos; (iii) agrupamentos descritivos, como grupos de recursos renováveis, serviços de estrutura física, serviços bióticos, serviços de informação, serviços sociais e culturais (MEA, 2003). Todos estes são fornecidos gratuitamente.

A Avaliação dos Ecossistemas do Milénio (MEA, 2015) fornece uma categorização dos EGS, como se mostra na tabela 2.1 abaixo, com base nas funções:

Quadro 2.1: Bens e Serviços dos Ecossistemas

<table>
<tr><th colspan="3">Bens e Serviços de Ecossistemas</th></tr>
<tr><th>Apoio</th><th>Direcção</th><th>Serviços</th></tr>
<tr><td rowspan="15">Apoio
◆ Ciclismo dos nutrientes
◆ Formação do solo
◆ Produção primária</td><td rowspan="5"></td><td>Provisionamento</td></tr>
<tr><td>◆ Alimentação</td></tr>
<tr><td>◆ Água doce</td></tr>
<tr><td>◆ Madeira e Fibra</td></tr>
<tr><td>◆ Combustível</td></tr>
<tr><td rowspan="5"></td><td>Regulamentação</td></tr>
<tr><td>◆ Regulação climática</td></tr>
<tr><td>◆ Regulação das cheias</td></tr>
<tr><td>◆ Regulação das doenças</td></tr>
<tr><td>◆ Abastecimento de água</td></tr>
<tr><td rowspan="5"></td><td>Cultural</td></tr>
<tr><td>◆ Estética</td></tr>
<tr><td>◆ Espiritual</td></tr>
<tr><td>◆ Educação</td></tr>
<tr><td>◆ Recreativo</td></tr>
</table>

Fonte: The Millennium Ecosystems Assessment (MEA, 2003)

2.2 Os benefícios do Capital Natural - os bens e serviços dos ecossistemas

A União Internacional para a Conservação da Natureza (UICN, 2015) afirma que a degradação do ambiente natural pelas nossas acções enquanto seres humanos tem custos consideráveis associados a ele. Por exemplo, só na região da UE, estima-se que a polinização vale mais de 14 mil milhões de euros por ano e as zonas húmidas também fornecem aproximadamente 6 mil milhões de euros em bens e serviços ecossistémicos (EGS) por ano. Todos estes, ou seja, a polinização e os EGS como o solo, a água, o ar, a biodiversidade, a paisagem, a polinização a partir do capital natural, são gratuitos (IUCN, 2015).

A UICN (2015) vai mais longe ao afirmar que um quarto das espécies na UE, por exemplo, estão actualmente ameaçadas de extinção devido à perda de habitat, expansão urbana, agricultura, desenvolvimento industrial e alterações climáticas. Há uma clara aceleração deste estado de coisas. A UICN revela ainda que, só em Berlim, por exemplo, uma cidade de 3,5 milhões de habitantes foi servida por 23.000 ha de áreas verdes protegidas, capazes de fornecer água limpa suficiente a todos os habitantes. Este serviço, se realizado utilizando infra-estruturas de abastecimento de água, custaria mais de 16,7 milhões de euros por ano. As áreas verdes são protegidas pela Natura 2000. A gestão das redes Natura 2000 requer 5,8 mil milhões de euros por ano, mas gera 200 a 300 mil milhões de euros por ano de benefícios económicos (UICN, 2015). Parece haver claramente mais benefícios do que custos.

2.3 Factores de mudança nos ecossistemas

O MEA (2003) identifica duas categorias principais de motores de mudança dos ecossistemas. São elas: (i) motoristas exógenos e (ii) motoristas endógenos. Os factores de mudança exógenos indirectos são instituições, preços e mercados, e desenvolvimento tecnológico. Embora os factores de mudança exógenos directos sejam os efeitos da mudança ambiental, tais como o aumento da temperatura média das concentrações de dióxido de carbono (CO_2) ou temperaturas médias mais baixas da poluição vulcânica. Os factores de mudança endógenos indirectos são a adaptação tecnológica como a tecnologia de localização de peixes *(Ichthyoid)*. Embora os factores endógenos directos que afectam directamente os ecossistemas sejam, a alteração do uso do solo, a alteração da cobertura do solo, a introdução e remoção de espécies (MEA, 2003). Os mangais desempenham um papel muito importante como sequestradores de carbono de efeitos exógenos do dióxido de carbono, entre muitos outros.

(a) Pressão sobre os ecossistemas de mangais

Os mangues têm pressões exercidas a partir de várias fontes, como indicado acima pelos condutores da mudança. A figura 2.1, aqui em baixo, mostra um conceito das pressões sobre os mangais e os resultados. À esquerda estão os condutores e à direita estão os resultados das pressões.

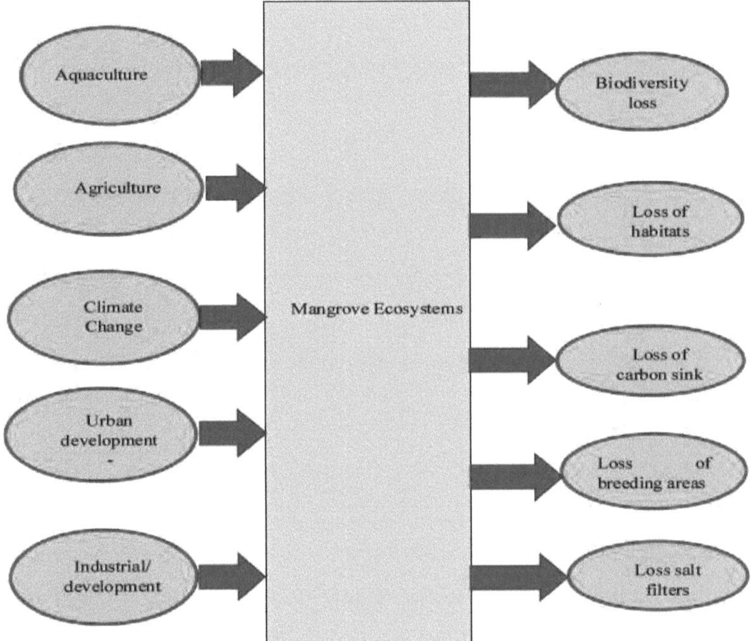

Figura 2.1: Pressões em florestas de mangais

Fonte: Compilado pelo estudante para este relatório (2017)

(b) Factores de mudança nos ecossistemas de mangais no Sudeste Asiático (AAE) 1950 - 2015

Richards e Friess (2016) afirmam no seu relatório que os principais motores da desflorestação de mangais no Sudeste Asiático têm sido a aquacultura. E nos últimos 30 anos, a aquicultura tem crescido enquanto as florestas de mangais têm vindo a diminuir nesta região do mundo (Richards & Friess, 2016b). Entre 2000-2012, a aquicultura foi responsável por quase 30% de todas as conversões de florestas de mangais (ver quadro 2.2).

Quadro 2.2: Percentagem do total de mangues desmatados (2000-2012) convertidos para diferentes utilizações da terra

País	Aquacultura	Arroz	Palma de óleo	Floresta de mangue	Urbano	Outra categoria	
Indonésia	48.6	0.1	15.7	22.6	1.9	11.2	100.1
Myanmar	1.6	87.6	1.1	0.5	1.6	7.6	100
Malásia	14.7	0.1	38.2	17.6	12.8	16.7	100.1
Tailândia	10.8	5.6	40	5.1	14.4	24.1	100
Filipinas	36.7	0.9	11.1	7.3	2.7	41.3	100
Camboja	27.7	1.5	8.9	9.8	4.6	47.6	100.1
Vietname	21	10.4	0.5	0.6	62.5	4.9	99.9
Brunei	29.2	0	27.7	12.5	15.9	14.8	100.1
Timor-Leste	0	26.1	0	0	0	73.9*	100
Singapura	0	0	0	0	0	0	0
Total	29.9	21.7	16.3	15.4	4.2	12.3	99.8

Os países são ordenados pelo mangue total perdido. As percentagens podem não chegar aos 100 devido a arredondamentos.

- *A pequena quantidade de desflorestação de mangais em Timor- Leste deve-se principalmente à erosão da linha costeira.*

Fonte: Adaptado de (Richards & Friess, 2016b) página 346

Outro estudo de Giesen et al (2006), relatou que mais de 1,2 milhões de hectares de florestas de mangais foram convertidos para a aquacultura em AAE. Referiram ainda que a aquicultura é a maior causa individual de desflorestação de mangais em todo o mundo e nos países da região SEA em particular. Mostraram um exemplo típico da situação das Filipinas na Figura 2.2 mostrada abaixo. O gráfico mostra claramente a aquicultura a ultrapassar as florestas de mangais na área (Giensen, Wulffraat, Zieren, & Scholten, 2006).

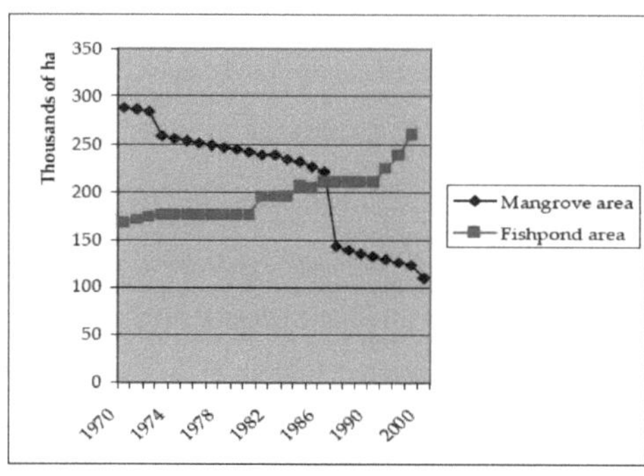

Figura 2.2: Um exemplo das tendências de desflorestação de mangais nas Filipinas (1970-2000)

Fonte: Adaptado de (Giensen et al., 2006) página 48

(c) Factores de mudança nos ecossistemas de mangais no Vietname

Segundo a ProEcoServ (2015), o ecossistema do delta do rio Mekong do Vietname está atrás apenas da biodiversidade de peixes da Amazónia, com mais de 1.100 espécies de peixes de água doce. Contudo, as zonas húmidas naturais de mangais, bem como outras zonas húmidas, foram reduzidas em mais de 180.000 ha durante o período de 20 anos até 2003, enquanto que as áreas aquícolas tinham aumentado para 1,1 milhões de ha durante o mesmo período de tempo. Estas mudanças nos ecossistemas e no padrão de utilização da terra foram principalmente impulsionadas pela conversão de zonas húmidas de mangais em aquacultura, instalações turísticas e florestas plantadas (ProEcoServ, 2015).

Richards e Friess (2016), realizaram um estudo e determinaram que na taxa global de desflorestação de mangais em todo o Sudeste Asiático entre 2000 e 2012 foi de 0,18% e destacaram a aquicultura como o maior contribuinte para esta desflorestação de mangais, responsável por cerca de 30% desta desflorestação. Salientaram ainda que cerca de 16% das espécies florestais de mangais do mundo estão prestes a entrar em extinção (Richards & Friess, 2016a). Para além destes estudos, Cowles (2015) relata que as florestas de mangais são o tipo de florestas mais frequentemente convertido, com uma taxa de conversão 3-5 vezes superior às taxas médias de perda florestal comum, o que levou à perda de mais de 40% dos mangais desde 1950. Cowles (2015) salienta ainda que a maioria destas conversões vai para o desenvolvimento de tanques de aquicultura, agricultura, infra-estruturas e outros projectos urbanos (Cowles, 2015).

2.4 Tendências históricas na desflorestação e restauração de mangais no Vietname - anos 1940 a 2015

Como mencionado e citado anteriormente, o Vietname tinha enfrentado um declínio na área de mangue desde os anos 40. Buckingham e Hanson (2015), num relatório de um estudo de caso para o World Resources Institute (WRI), informaram que desde 1978 mais de 18.000 ha de florestas de mangais foram restaurados, elevando a área total de mangais para mais de 170.000 ha até 2008 (Buckingham & Hanson, 2015). Além disso, a partir da figura 2.3 abaixo, pode notar-se que o declínio das florestas de mangais foi muito rápido entre 1943 e 1999. Houve uma estagnação em 1999, mas uma inversão em 2001. Durante 2001 e 2007 houve um aumento acentuado, mas durante 2007 a 2008 houve um ligeiro declínio.

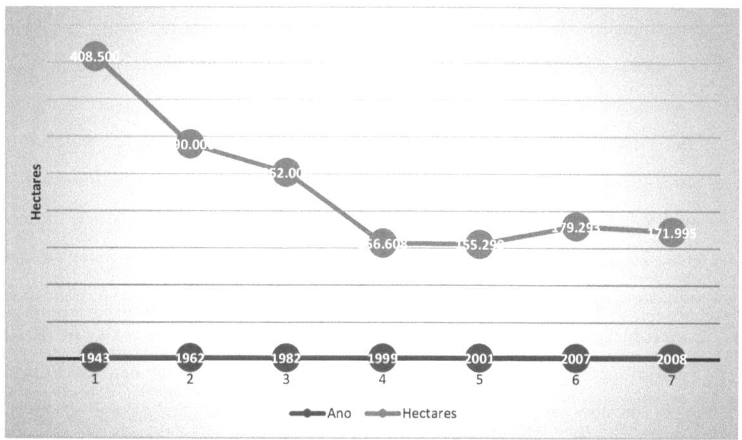

Figura2.3: Tendências de cobertura de mangues no Vietname entre 1943 e 2008
Fonte: Adaptado de (Buckingham & Hanson, 2015), página 3 (modificado)

(a) Inacção e seus custos

A UE (2009) adverte que a incapacidade de agir, ao parar esta tendência contínua de conversão dos mangais, por parte dos governos, decisores políticos e comunidades, levará a que os governos paguem um preço elevado. A UE (2009), continua a advertir que o mundo estará a perder anualmente o equivalente a 50 mil milhões de euros em serviços ecossistémicos. Além disso, se os governos tomarem o caminho do business as usual (BAU), a perda seria equivalente a 7% do PIB mundial até 2050 (UE, 2009).

(b) Importância da mitigação do clima

A importância da mitigação do clima através do uso de meios naturais, tais como o estabelecimento de florestas de mangue, foi estudada por vários autores (Powell & Osbeck, n.d.; Tinh et al., 2013; WWF et al., 2017). No entanto, a determinação do valor dos recursos naturais como as florestas de mangais como meio de mitigação do clima e melhoria dos meios de subsistência nunca foi estudada na Lagoa De Gi. Tuan e Tinh (2013) realizaram um estudo clássico sobre a CBA na Lagoa de Thi Nai, na província de Binh Dinh. Determinaram o custo-benefício da opção de desenvolvimento da aquacultura utilizando métodos de preferência revelados que se baseiam em abordagens de preços de mercado. Determinaram o custo-benefício da restauração de mangais utilizando os dados da Asian Cities Climate Change Resilience Network (ACCCRN) - projectos apoiados e benefícios foram calculados utilizando valores de não utilização das florestas de mangais. As abordagens utilizaram o WTP, que é um método de avaliação contingente (CVM), e a avaliação dos valores de utilização utilizou abordagens de preços de mercado. Contudo, este estudo foi realizado na lagoa de Thi Nai. Tinh et al (2013) descobriram que a restauração de 1450 ha de mangais produziria um VND estimado em 21 milhões, enquanto as actividades de aquacultura realizadas na mesma área produziriam apenas VND 10 milhões durante um período de 22 anos (Tinh et al., 2013). O estudo concluiu que os benefícios da restauração dos mangais superavam os custos. Há uma necessidade de replicar o estudo para a Lagoa De Gi. Isto é necessário para fornecer aos decisores políticos detalhes da situação na Lagoa De Gi relativamente a um programa como a restauração de mangais. O estudo também desempenharia o papel de advocacia tanto com os membros da comunidade como com as partes interessadas. Além disso, a Lagoa de Thi Nai e a Lagoa De Gi estão separadas por uma distância de aproximadamente 60 km. Isto faz com que elas pertençam à mesma localidade. A flora e fauna é quase a mesma, uma vez que não foram observadas disparidades de grande alcance. A falha do estudo pode ser que se concentrou apenas em dois métodos de cálculo de BCA. Outros métodos como a Taxa Média de Retorno (ARR), Período de Retorno (PBP) e BCR Incremental poderiam também ter sido considerados para validar os resultados mais tarde.

Nguyen et al (2000) realizaram um estudo para valorizar os ecossistemas de mangais em Can Gio. Basearam a sua análise de valor no quadro do Valor Económico Total (TEV) que declara:

TEV = (Valor de utilização directa) + (Valor de utilização indirecta) + (Valor opcional) + (Valor de existência) (2.1)

Utilizaram a relação custo-benefício e concluíram que actividades como o custo de plantação, o custo de protecção e o custo de desbaste eram muito inferiores aos benefícios directos obtidos a partir de produtos comercializáveis extraíveis. E observaram também que a administração municipal tinha introduzido um regulamento que proibia o desbaste (Tri et al., 2000). No entanto, este estudo não inclui a província de Binh Dinh e a lagoa De Gi. Estes estudos concentraram-se no delta do rio Mekong ou em áreas próximas deste delta. A outra fraqueza é que eles não trazem os valores secundários nos VND's aos preços actuais quando aplicam dados secundários aos seus estudos, por exemplo, Tuan e Tinh (2013). No entanto, apresentam alguns pontos fortes, na medida em que a maioria deles depende de outros estudos, quer para os dados secundários quer para os resultados, o que ajuda a validar os resultados.

2.5 Métodos de Avaliação de Ecossistemas de Manguezais - um quadro conceptual

O ecossistema dos manguezais são zonas húmidas. Por conseguinte, os métodos de valorização das zonas húmidas serão discutidos. Os serviços prestados pelos ecossistemas de mangais serão identificados utilizando a classificação delineada pela Classificação Internacional Comum de Serviços de Ecossistema (CICES) para fins de avaliação. O CICES segue a classificação funcional e classifica os serviços e bens dos ecossistemas da seguinte forma: (1) Provisionamento, nomeadamente, das culturas cultivadas e dos recursos vegetais; (2) Regulação e Manutenção, nomeadamente, a regulação climática global através da redução das concentrações de Gases com Efeito de Estufa (GEE), e estabilização e controlo das taxas de erosão, bem como a manutenção das populações de enfermeiros e dos habitats; (3) Interacções culturais, nomeadamente, as interacções físicas e experimentais.

Vegh et al (2014) identifica as seguintes categorias de métodos de avaliação de zonas húmidas: (1) Métodos de avaliação baseados no mercado (MV), que são (a) Valor de mercado, utilizado para produtos e serviços de ecossistema de zonas húmidas que são comercializados num mercado; (b) Mudança na produtividade (PC), utilizado para serviços de ecossistema que contribuem para produtos comercializados, por exemplo (c) Custos evitados (AC), utilizados para avaliar os danos; (2) Avaliação não-mercado - Preferência declarada (NMV-SP), principalmente Método de Avaliação Contingente (CVM), utilizado para avaliar praticamente qualquer ecossistema de zonas húmidas; (3) Síntese de estudos existentes (SES), são estes métodos: (a) Meta-análise (MA), combina resultados de vários estudos e produz resultados robustos e resultados validados; (b) Citação (CIT) , cita directamente resultados de outros estudos; (c) Transferência de Benefícios (BFT), transfere benefícios de estudos numa área para outro local; (d)

Ecosystems Value Coefficients (EVC), utiliza coeficientes padrão para multiplicar pela área de uso do solo, cada padrão de uso do solo tem um coeficiente específico (Vegh, Jungwiwattanaporn, Pendleton, & Murray, 2014). Para produzir os resultados mais bem validados, este estudo deve utilizar procedimentos CIT, SES e NMV-SP para determinar os valores dos vários serviços e produtos dos ecossistemas.

2.6 Métodos de realização da ACB.

O Método de Avaliação Contingente (CVM) é utilizado na determinação do valor de praticamente qualquer ecossistema de zonas húmidas. O valor CVM seria utilizado para completar a determinação dos valores de não utilização dos ecossistemas de mangais para completar os benefícios totais. A análise de investigação que é adoptada para completar a ACB é a avaliação metodológica múltipla. De acordo com a Wikipedia (2018), na concepção da abordagem múltipla (MAD), melhora a vadalidade da construção e fornece uma visão mais completa da ACB dos projectos em questão (Wikipedia, 2018). Isto tenderia a servir a todas as partes interessadas no projecto, nomeadamente os membros da comunidade, estudantes e investigadores académicos, entre muitos outros. Os métodos adoptados nesta abordagem múltipla são:

(a) Análise dos custos dos benefícios (BCR)

Isto é totalmente definido mais tarde. O BCR não fornece um resultado dos valores futuros ou projecções de ganhos ou perdas totais de um projecto em comparação com outro.

(b) Relação de custos de benefícios incrementais (IBCR)

Esta definição completa mais tarde. É um prodedure capaz de dar projecções futuras dos ganhos ou perdas totais de um projecto em relação a outro. Por conseguinte, dá a margem em termos monetários pela qual um projecto é mais benéfico ou mais dispendioso do que o outro.

(c) Valor actual líquido (VAL)

O método do VNP é descrito integralmente mais tarde. O método NPV considera a diferença entre os benefícios totais descontados e os custos totais descontados. Este método não fornece as projecções futuras ou as margens pelas quais um projecto é mais benéfico do que o outro.

(d) Período de reembolso (PBP)

O PBP também é descrito mais tarde. Fornece o período de tempo durante o qual os custos totais descontados do projecto serão ultrapassados pelos benefícios totais descontados do projecto. Isto é útil na medida em que dá uma ideia de quanto tempo levará para começar a obter lucros e, portanto, isto seria útil no caso de os fundos do projecto serem emprestados. O PBP é utilizado como uma ferramenta de rastreio, embora não seja apropriado para projectos sofisticados. É também simples de utilizar (Organização Pan-Americana de Saúde, 2018).

É importante que uma vasta gama de métodos seja adoptada uma vez que, como vimos, cada método enfatiza um aspecto particular da gestão financeira do projecto. E, como todos sabemos, os gestores de projecto vêm em vários estilos. Alguns serão estimulados a agir se virem o PBP, outros se virem o VPL, outros se virem o IBCR entre muitos argumentos. Como vimos anteriormente, o nosso principal objectivo é levar a cabo uma ACB de restauração de mangais versus desenvolvimento da aquacultura. É importante que exploremos todos estes métodos para obter os vários resultados que se espera que sejam todos de apoio à restauração dos mangais.

2.7 Procedimento de realização da ACB - um quadro analítico

A figura abaixo é um conceito das etapas analíticas do processo de realização da ACB.

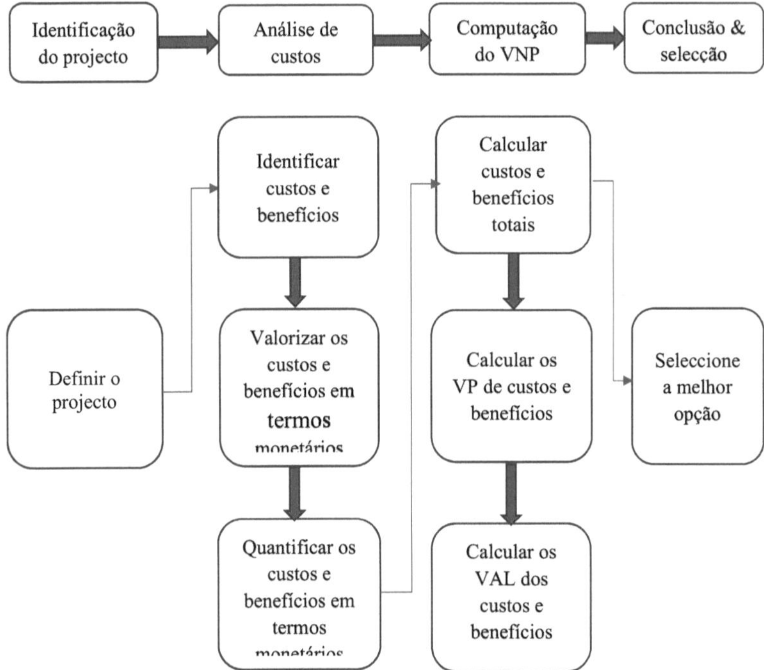

Figura 2.4 Passos metodológicos na realização da ACB

Fonte: Compilado pelo estudante para este relatório (2018)

2.8 Exame da participação comunitária na restauração de mangues - uma aplicação do Modelo de Regressão Tobit

Muitos estudos têm sido realizados sobre o envolvimento das empresas na conservação e cuidado dos ecossistemas. Abdullah et al (2014), estudaram a gestão e conservação de mangais com base na comunidade na Malásia. Abdullah et al (2014) propõe três quadros teóricos para estudar os factores que afectam a participação das comunidades na gestão dos ecossistemas baseada na comunidade. Estes três quadros teóricos são: (1) factores de enquadramento psicológico e social que incluem atitudes, nível de conhecimento, comportamento, percepção e consciência, custos, benefícios; (2) factores de enquadramento institucional que incluem monitorização e avaliação, regras e políticas, estatuto político entre muitos outros; (3) factores de enquadramento ecológico que incluem a qualidade da flaura e da fauna e dados biológicos, entre muitos outros. Abdullah et al concluíram que a vontade de participar (ETA) tinha uma forte correlação com factores sociais como o Género, a Raça e os níveis educacionais. (Abdullah, Said, & Omar, 2014). Halkos e Galani (2012) no seu artigo sobre ETA mostram que o Modelo Tobit é um modelo de regressão que é popular entre os investigadores para determinar o factor que afecta as ETA em projectos de conservação baseados na comunidade. Haikos e Galani (2012) mostram que dos doze estudos analisados, pelo menos quatro utilizaram o Modelo de Regressão Tobit ((Halkos & Galani, 2012). Vemos que o Modelo Tobit é bem seleccionado para mostrar o efeito de vários factores sobre as ETA, tal como demonstrado na literatura revista. Neste estudo, os factores a examinar são os indicados na tabela 3.1.

2.9 Programas Nacionais de Restauração de Manguezais no Vietname

O governo do Vietname (GoV) reconheceu que os mangais têm mais valor em pé do que cortados, e devido à sua posição o GoV tem sido um dos governos mais activos na restauração de mangais no mundo. O Vietname é um país cujas florestas de mangais foram sujeitas à pior destruição do mundo, como já foi referido anteriormente, ao mesmo tempo que é aqui que a maior florestação tem sido feita sem apoio estrangeiro sob a forma de financiamento e apoio técnico (Kogo, 1997).

Vários estudos e relatórios têm sido escritos sobre estas intervenções. O quadro 2.3 abaixo é um resumo das principais intervenções na restauração de mangais florestais, entre outras actividades de restauração demasiado numerosas para serem listadas. É de notar que as intervenções assim relatadas estavam a produzir efeitos entre 2004 e 2018. O montante total envolvido não é bem conhecido, mas deve notar-se que pelo menos mais de 33 ha de mangais durante o período indicado foram replantados e o montante de fundos prometidos durante este mesmo período é superior a 2,4 mil milhões de VND.

Em todos estes relatórios sobre intervenções de restauração de mangais pelo governo do Vietname (ver quadro 2.3), observou-se que a Lagoa De Gi não é mais ou menos apresentada como uma área proeminente ou favorável de implementação do projecto. Considera-se, portanto, que mais estudos como este deveriam ser realizados especialmente para incluir a Lagoa De Gi como uma área com grande potencial futuro no desenvolvimento dos benefícios dos ecossistemas de mangais.

Quadro 2.3: Mostrando resumo de alguns dos vários programas de intervenção de restauração de mangais no Vietname

S/N	NOME DO PROGRAMA	ORGANIZAÇÕES, POSIÇÃO DE LANÇA	LOCALIZAÇÃO	ÁREA EM HA	MONTANTE VND ENTRADA	DURAÇÃO
1	Restauração do Mangue Destruído no Mid-East Vietnam	ACCCRN	Médio-Oriente do Vietname (Lagoa de Thi Nai)	33 Ha	Não especificado	2012-2015
2	Mangue para as Fases Futuras I, II e III (Plano de Acção Estratégico Nacional)	MARD/Mangrove para o Futuro	Vários projectos no Vietname	Não especificado	Mais de VND150 biliões	2007 – 2018
3	Programa de Desenvolvimento e Reabilitação de Manguezais	MARD	Vários projectos no Vietname	Não especificado	Mais de 2,4 triliões de VND	2008 – 2015
4	Plano Nacional para a Conservação e Desenvolvimento Sustentável das Florestas de Manguezal	MONRE	Vários projectos no Vietname	Não especificado	Não especificado	2004 – 2010

Fontes: Compilado pelo estudante para este relatório com base em dados de (MFF Vietname, 2011, 2015; MONRE, 2004; Tuyen & Tyler, 2017)

2.7 Restauração de Mangues, Desenvolvimento e Alterações Climáticas

Nos últimos anos, os mangues têm ocupado um lugar central no que se tornou conhecido como as "tecnologias verdes". A Global Mangrove Alliance (Global Mangrove Alliance, 2016) informa que os mangais estão entre os ecossistemas de zonas húmidas mais produtivos. Estima-se que estes ecossistemas fornecem cerca de 33 - 57 mil dólares por hectare por ano às economias nacionais dos países em desenvolvimento que possuem florestas de mangais. O potencial de mitigação das alterações climáticas das florestas de mangais é espantoso, uma vez que são mais eficientes como sumidouros de carbono do que as florestas terrestres. Por conseguinte, cada político e decisor deve investir no "carbono azul costeiro". Esta é uma das razões pelas quais a conservação dos mangais é vital para a mitigação das alterações climáticas (IUCN, 2017).

Contudo, apesar disso, estes importantes ecossistemas estão entre os mais ameaçados. Um estudo realizado em Kuantan, na Malásia, revela que os mangais estão entre os ecossistemas mais afectados pelo desenvolvimento coatal. O estudo concluiu que o desenvolvimento costeiro era uma grande ameaça para os mangais (Saad, Ahmad, Yunus, & Chowdhury, 2009). É devido às ameaças mencionadas que, nos últimos anos, vários esforços de restauração de mangais têm sido feitos, alguns dos quais têm sido gigantescos, cobrindo muitos milhares de hectares. Uma das técnicas que está a ser utilizada em tecnologias verdes envolvendo a restauração de mangais é a Restauração Ecológica de Mangais (EMS). Este método envolve envolver os membros da comunidade e considerar os factores sociais, económicos e ecológicos antes da restauração (Roy & Ben, 2014). A restauração que envolve as comuties é vista como importante e sustentável e isto confirmará a importância da participação das comunidades num programa de restauração.

CAPÍTULO 3 MÉTODOS DE INVESTIGAÇÃO

3.1 Abordagens de investigação

O método de investigação utilizou tanto o método qualitativo como o quantitativo, ou a abordagem de triangulação. A triangulação é um método de investigação que envolve a utilização de mais do que um método para recolher dados sobre o mesmo tópico. Isto assegura a validade da investigação através da utilização de uma variedade de métodos. Isto serve para facilitar uma compreensão mais profunda do fenómeno em investigação (Cohen & Crabtree, 2009; Kulkarni, 2013). O método de amostragem que foi proposto para ser utilizado é o método de amostragem de bola de neve. Na aplicação da amostragem com bola de neve, as unidades de amostragem apontam para o investigador outras unidades de amostragem que se adequam aos requisitos da investigação. Isto porque o investigador pode ter dificuldades em identificar quais os membros da comunidade que desenvolvem as suas actividades económicas nas áreas florestais de mangue. A amostragem propositada foi utilizada para seleccionar as primeiras dez unidades de amostragem. A amostragem propositada é uma técnica de amostragem em que o investigador utiliza o seu julgamento para seleccionar unidades de dados adequadas (Research Methodology.net, 2016). Os instrumentos de recolha de dados eram questionários semi-estruturados para agregados familiares comunitários. Perguntas de entrevista cara a cara para informadores chave de departamentos governamentais e Discussões de Grupos de Centragem (FGDs) para líderes e funcionários governamentais seleccionados.

3.2 Método de estimar a vontade de pagar (ETA)

O método utilizado para medir o ETA foi o cálculo estatístico da Média Aritmética (AM). O ETA foi medido utilizando um tipo de pergunta de escolha múltipla, tendo os inquiridos feito escolhas: 1 a 50.000 VND, 50.000 a 100.000 VND, até 500.000 VND e mais em etapas de 50.000 VND. O WTP foi, portanto, calculado como:

Média WTP = Soma de (Pontos médios dos intervalos de escolhas X Número de escolhas correspondentes) / (Número total de inquiridos) . Este método foi adaptado de (Research Gate, 2016).

3.3 Modelos matemáticos para a realização de análises de custo-benefício (CBA)

Um aspecto importante deste estudo é a CBA. Isto foi conseguido através do cálculo do Valor Presente Líquido (VAL), da Relação Custo Benefício (BCR), da Taxa Interna de Retorno (TIR), e da Análise de Sensibilidade. Além disso, os outros métodos menos comuns que foram utilizados são: Taxa Média de Retorno (ARR), Período de Retorno (PBP), e BCR Incremental (IBCR) para validar os resultados. A abordagem metodológica múltipla assegura que os resultados são validados à medida que as abordagens validam umas às outras. Uma ampla secção de leitores/utilizadores será atendida à medida que cada método enfatiza um aspecto particular da análise financeira do projecto.

(a) Valor Presente Líquido (VAL)

De acordo com Goyal (2012), o Valor Presente Líquido (VAL) é o valor actual de todos os fluxos de caixa que estão associados a um determinado projecto. O VAL é calculado usando a equação (3.1). Por conseguinte, o VAL:

$$\text{NPV} = \sum_{i=1}^{t} \frac{CF_i}{(1+r)^i} - C_0 \qquad (3.1)$$

Onde:

VAL = Valor Actual Líquido

CFi = Fluxo de caixa que ocorre no final do período i

C0 = desembolso inicial em dinheiro

t = vida do projecto

r = custo do capital utilizado como taxa de desconto

O VPL leva 3 estados: VAL = 0, VAL < 0, VAL > 0. Goyal (2012), aconselha ainda sobre as regras de decisão baseadas no cálculo do VAL como se segue:

Se VAL = 0, apenas o desembolso inicial em dinheiro pode ser recuperado. Isto significa uma pausa - ponto de equilíbrio. Se o VAL > 0, aceitar o projecto como viável. Se VAL < 0, rejeitar o projecto como não viável (Goyal, 2012).

O método NPV considera a diferença

(b) Relação Benefício-Custo (BCR)

De acordo com Goyal (2012), a Relação Benefício-Custo (BCR) é por vezes referida como o índice de rentabilidade (PI). O BCR pode ser definido como benefício por unidade VND dos custos. O modelo matemático para BCR é mostrado na equação (3.2). Por conseguinte, o BCR:

$$BCR = \frac{PVB}{I} \qquad (3.2)$$

Onde:

BCR = Relação Benefício-custo

PVB = Valor actual dos benefícios

I = Investimento inicial ou VAL das saídas de caixa

O BCR leva 3 estados: BCR = 1, BCR < 1, BCR > 1. Goyal (2012), aconselha ainda sobre as regras de decisão baseadas no cálculo BCR como:

Se BCR = 1, então o projecto é indiferente. Se BCR > 1, aceitar o projecto como viável

Se BCR < 1, rejeitar o projecto como não viável

(c) Taxa Interna de Retorno (TIR)

Goyal (2012) define a Taxa Interna de Retorno (TIR) como a taxa de desconto ou custo de capital que faz o VAL = 0. Portanto, se a equação (3,3) acima for igual a zero, então r é a TIR, portanto se:

$$0 = \sum_{i=1}^{t} \frac{CF_i}{(1+r)^i} - C_0 \qquad (3.3)$$

depois r = IRR do projecto. Goyal (2012), aconselha ainda sobre a regra de decisão baseada no cálculo da TIR como: seleccionar o projecto com maior valor de TIR (Goyal, 2012).

d) Análise de Sensibilidade

A Análise de Sensibilidade é discutida mais tarde na secção 4.4 (b).

(e) Problemas com TIR e VAL

Goyal (2012) salienta ainda que, por vezes, podem surgir problemas na utilização do VAL e da TIR. Estes problemas podem ser devidos a: (i) Disparidades de dimensão - que ocorrem quando os projectos têm níveis de investimento diferentes. As disparidades de dimensão podem ser tratadas em função dos resultados do VAL. Isto também pode ser resolvido alterando a TIR e calculando a TIR com base no desembolso incremental, ou seja, a diferença dos desembolsos em dinheiro e seleccionar o projecto com TIR incremental maior do que o custo de capital. (ii) Disparidade temporal - isto ocorre quando os timings e por vezes também os fluxos de caixa são diferentes. Isto pode ser resolvido através da análise de sensibilidade e qualquer taxa de desconto antes do VAL de um projecto ser igual ao VAL do outro projecto parece apoiar o outro projecto. (iii) Disparidade de vida - isto ocorre quando os projectos têm diferentes períodos de vida. A disparidade de vida pode ser tratada fazendo com que os projectos tenham períodos de tempo iguais por repetição (Goyal, 2012).

(f) Taxa média de retorno (ARR)

A ARR mede quanto um investimento feito ao longo da vida do investimento (McBride, 2010). O modelo que é utilizado para determinar a ARR é expresso por:

$$ARR = \left(\frac{\text{Receita Média Anual}}{\text{Custos de Capital Inicial}}\right) x100 \quad (3.4)$$

ou

$$ARR = \left(\frac{\text{Receita Média Anual}}{\text{Investimento médio ao longo de todo o período}}\right) x\,100 \quad (3.5)$$

Este modelo é adaptado de (McBride, 2010)

(g) Período de retorno (PBP)

O PBP é o período de tempo necessário para que um investimento seja devolvido em rendimento (Aparicio, 2018). O modelo matemático que é utilizado para determinar o PBP é o PBP:

$$PBP = \frac{\text{Custo do investimento}}{\text{Fluxo de caixa líquido anual}} \quad (3.6)$$

Isto é adaptado de (Aparicio, 2018).

(h) Relação de custo dos benefícios incrementais (IBCR)

O BCR incremental é uma estratégia para comparar duas ou mais alternativas de projectos de investimento (Quintus, Mallela, Bonaquist, Schwartz, & Carvalho, 2012). É definido pelo modelo matemático aqui apresentado (equação 3.7):

$$\frac{\Delta B}{\Delta C} = \frac{B_1 - B_2}{C_1 - C_2} \tag{3.7}$$

Onde: ΔB = Diferença nos benefícios dos projectos 1 e 2

ΔC = Diferença entre os custos dos projectos 1 e 2

B_1 = Benefícios do projecto 1

B_2 = Benefícios do projecto 2

C1 = Custos do projecto 1

C2 = Custos do projecto 2

Este modelo é adaptado de (Quintus et al., 2012)

3.4 Modelos matemáticos para a realização de fluxo de caixa descontado (DCF)

Outro aspecto deste estudo é a realização de Fluxo de Caixa Descontado (DCF) para CBA a ser completado.

DCF é definido como um modelo de análise de investimento que calcula o valor de um investimento com base no valor actual dos seus rendimentos futuros (My Accounting Course, 2018). O modelo matemático que é utilizado para executar DCF em MS-excel é:

Valor actual = montante recebido no futuro/(1 + taxa de juro de desconto)$^{\text{número de anos}}$ (3,8)

Utilização de símbolos matemáticos:

$$PV = FV / (1 + r)^t \tag{3.9}$$

Onde:

PV = Valor actual

FV = Valor futuro

r = factor de desconto

t = número de anos

Esta equação é adaptada de (Alan, 2006).

3.5 Modelo de Regressão Tobit - um fundo teórico

(a) Modelo matemático

A investigação centrar-se-á no exame do impacto dos factores socioeconómicos e outros sobre a vontade individual de participar num programa de restauração. Esta análise, tem variáveis ocultas que não se podem observar. Portanto, um dos modelos que é utilizado em tais situações é o modelo Tobit. O modelo Tobit foi proposto pela primeira vez por um economista, John Tobin, em 1958. O modelo ficou conhecido como "Tobin's probit" e mais tarde foi-lhe dado o nome obtido através da substituição do "n" pelo "t" em nome de Tobin. Assim, ficou conhecido como o modelo Tobit. O modelo é utilizado para explicar a gama de variáveis dependentes (ou seja, como os regressores ou variáveis independentes afectariam a variável dependente ou o regressand). Uma aplicação típica do modelo Tobit é na análise de dados de limiar inferior censurados (censurados à esquerda) ou dados de limiar superior censurados (censurados à direita) ou ambos (Xu, Kouhpanejade, & Šarić, 2013) e (K. A. T. Nguyen, . Jolly, Bui, & Le, 2016; K. A. T. Nguyen, Jolly, & Nguelifack, 2018)O modelo pode ser expresso através da expressão abaixo (equações 3.10 e 3.11):

$$Y^{*}i = \beta Xi + \varepsilon_{i}, i = 1, 2, 3, .N \qquad (3.10)$$

$$Y_i = \begin{cases} Y_i^* \text{ se } Y_i^* > 0 \\ 0 \text{ se } Y_i^* \leq 0 \end{cases} \qquad (3.11)$$

Onde:

N = número de observações

$Y^{*}i$ = variável latente

Y_i = a variável dependente, a regressand

Xi = um vector de variáveis independentes, os regressores

β = um vector

ε_i = um termo de erro normalmente distribuído

Estas expressões modelo são adaptadas de (Xu et al., 2013) e (K. A. T. Nguyen et al., 2016, 2018). No estudo, a variável latente seria o WTP (em VND) que poderia não ser realmente mencionado no modelo. O modelo Tobit foi executado para examinar a vontade individual de participar num programa de restauração. O software estatístico, Gretl, foi utilizado para executar o modelo Tobit, que é mostrado abaixo. (ver quadro 4.9):

(Vontade de participar) = $\beta_0 + \beta1(X1) + \beta2\ (X2) + \beta3\ (X3) + \beta4\ (X5) + \beta5\ (X5) + \beta6(X6)$

O quadro 3.1 mostra as variáveis utilizadas no modelo Tobit, as suas descrições e possíveis sinais de factores. Os factores possíveis, tal como explicados, são factores sócio-económicos que aparentemente afectariam a vontade dos indivíduos de participar num programa de restauração. Estes factores socioeconómicos são a idade, sexo, número de dependentes no agregado familiar, rendimento anual, entre muitos outros. Outros factores são factores de opinião que também são considerados juntamente com os factores sócio-económicos.

Para entrada no modelo Tobit, as variáveis que são categóricas são codificadas (com 1 ou 0; 1,2,ou 3 dependendo das escolhas disponíveis) e são referidas como variáveis fictícias. Os códigos dependem do número de escolhas apresentadas aos inquiridos. As variáveis numéricas são introduzidas sem codificação. Tudo isto, como se pode ver na tabela 3.1, abaixo.

Quadro 3.1: Descrição variável do modelo Tobit e possíveis sinais de factores

. Variável	Descrição	Possível sinal(s) de factores
Género (X1)	Dummy = 1, se masculino, caso contrário =0	+/–
Idade (X2)	A idade do chefe de família (em anos)	+
Nº de dependentes (X3)	Nº de pessoas dependendo do chefe de família (em números)	+/–
AnnualIncome (X4)	Rendimento do agregado familiar (em '000 VND)	+
SuppBiodo (X5)	Dummy = 1, se perceberem apoio da biodiversidade , =2 se não, =3 caso contrário	+/–
RestBene (X6)	Dummy = 1, se perceberem que a restauração é benéfica para a biodiversidade , =2 se não, =3 caso contrário	+/–

(b) Questões com o modelo Tobit

O modelo Tobit é muito útil para examinar "Variáveis dependentes limitadas". A principal crítica a este modelo é que não diferencia o conjunto de variáveis utilizadas para explicar o sinal de Y do conjunto de variáveis utilizadas para explicar o sinal de Y, na condição de ser estritamente positivo. Além disso, o modelo Tobit torna-se inconsistente quando o termo de erro não é normalmente distribuído e quando a variância do termo de erro não tem um valor constante (Gale, 2008).

Apesar destas críticas, o modelo Tobit tem uma grande vantagem sobre o modelo de regressão linear, na medida em que produz estimativas imparciais dos coeficientes da variável x enquanto o modelo de regressão linear não o faz (Gale, 2008).

3.6 A determinação do tamanho da amostra

O tamanho da amostra foi determinado utilizando a fórmula (3.12) devido a (Tinh, Toan, & Tuan, 2008):

$$n = \frac{N}{1+Ne^2} \qquad (3.12)$$

Onde n = tamanho da amostra

N = número total de agregados familiares

e = margem de erro

Tomando e = 8%, N = 13230 (calculado no Apêndice 2.4)

Portanto $n = \frac{13,230}{1+13,230X(0.08)^2}$

$= 154$

Assim, foi decidido ter uma amostra de 150 inquiridos/habitantes.

Foi efectuada uma verificação cruzada para determinar o tamanho da amostra num modelo de regressão usando a equação (3.13), adaptada da Universidade Griffith na Austrália (Burmeister & Aitken, 2012).

$$n \geq 50 + 8q \qquad (3.13)$$

onde :

q = o número de variáveis

n = tamanho da amostra

No modelo de regressão Tobit, os regressores eram (1) Sexo; (2) Idade; (3) Nº de Dependentes, (4) Rendimento Anual, (5) SuppBiodo, (6) RestBene

Por conseguinte:

$n \geq 50 + 8q$

$\geq 50 + 8*6$

$\geq 50 + 48$

≥ 98

Assim, o **tamanho da amostra de 150 é adequado desde 150 ≥ 98.** Este mesmo tamanho de amostra de 150 foi utilizado tanto para a recolha de dados através da distribuição de questionários como para o processamento de dados por modelo de regressão Tobit. O outro critério que os dados para a regressão Tobit devem satisfazer é a regra 20:1. A regra 20:1 diz que o rácio de n (tamanho da amostra) para o número de variáveis independentes deve ser de pelo menos 20:1. O tamanho da amostra aqui utilizada foi, n = 150 e "número de variáveis" = 6. Isto dá um rácio de 25:1. Assim, os dados tinham cumprido ambos os critérios de análise de regressão.

3.7 O processo de investigação

a) Passos no processo de investigação

O estudo foi conduzido nas seguintes etapas. Em primeiro lugar, a literatura relevante foi revista para estabelecer vias de investigação adequadas. Em segundo lugar, foi realizado um levantamento inicial para abrir o caminho para a construção adequada de perguntas. Em terceiro lugar, foi realizado um pré-teste de questionário que foi administrado a líderes comunitários e membros da comunidade em cinco comunidades em redor da Lagoa De Gi. Quarto, os questionários propriamente ditos foram administrados. Em quinto lugar, o estudante realizou Meta-análise de dados de vários estudos em todo o mundo sobre análise de custo-benefício de programas de restauração de mangais. Em sexto lugar, os estudos relevantes foram examinados e citados. Sétimo, os dados assim recolhidos foram sintetizados e foram tiradas conclusões.

Os dados que foram recolhidos para os custos de restauração dos mangais foram: custos de preparação do terreno, custos de plantação e custos de manutenção (ou seja, custos de desbaste e custos de poda). Enquanto que os dados sobre benefícios que foram recolhidos, de fontes secundárias, foram: dados sobre produtos realizados a partir de mangais e dados sobre o aumento da biodiversidade.

No desenvolvimento da aquacultura, foram recolhidos de fontes secundárias dados sobre custos de produção, dados sobre custos de alimentação, custos de sementes, custos de combustível, custos de electricidade, custos de mão-de-obra e preparação e manutenção de tanques. Embora os dados sobre os benefícios fossem as quantidades de camarões produzidos e vendidos em quilogramas ou toneladas. Os dados foram analisados utilizando um excelente software analítico. Os Valores Presentes Líquidos (VAL), Relação Custo Benefício (BCR), Análise Custo Benefício (CBA), e Taxa

Interna de Retorno (TIR) para restauração de mangais apenas, uma vez que para a aquacultura todos os fluxos de caixa líquidos foram positivos, caso em que a TIR é muito pouco realista, Taxa Média de Retorno (ARR), Período de Retorno (PBP) e BCR Incremental foram todos obtidos usando funções e fórmulas de excel. A área deste estudo foi a lagoa De Gi na província de Binh Dinh do Vietname. Esta área de estudo foi seleccionada porque nenhum estudo deste tipo foi realizado na Lagoa De Gi. Esta lagoa tem um grande potencial de crescimento de mangais e, por conseguinte, a oferta de melhores benefícios económicos para a comunidade local, tanto a curto como a longo prazo.

(b) Questionário Pré-teste

O pré-teste do questionário é um procedimento de investigação que é realizado numa pequena amostra da população alvo para eliminar ambiguidades e outros problemas de concepção a fim de melhorar a qualidade dos dados do inquérito. Pode envolver, mas não se limita a, análise por peritos e inquiridos (Rothgeb, Willis, & Forsyth, 2007). O questionário foi pré-testado em dois locais, nomeadamente, na lagoa De Gi em redor das comunas na província de Binh Dinh, de 22 a 25 de Outubro de 2017, e em Ninh Ich em Ninh Hoa, a 3 de Dezembro de 2017. O número de questionários pré-testados foi de 16 e 4 respectivamente, elevando o total para 20. Além disso, os peritos governamentais foram também convidados a ler e fazer comentários sobre o questionário.

(c) Desenvolvimento de Questionário

Um questionário é um instrumento de investigação que fornece um meio de despertar os sentimentos, crenças, experiências, percepções, ou atitudes de alguns indivíduos da amostra. Um questionário pode ser estruturado, semi-estruturado ou não estruturado (Key, 1997). É geralmente uma forma impressa ou escrita que consiste em perguntas que devem ser submetidas a um ou mais respondentes (Key, 1997). Neste estudo, o questionário que foi utilizado foi um questionário semi-estruturado. O questionário foi desenvolvido com base na revisão bibliográfica e nos objectivos da investigação. O processo de aperfeiçoamento do questionário foi realizado após a avaliação das respostas do pré-teste. Posteriormente, o questionário foi ajustado em conformidade com os resultados dos dois pré-testes. As questões ambíguas foram retiradas, as questões que não eram claras foram reescritas e isto levou a um questionário finalizado que foi utilizado neste estudo.

3.8 Os métodos para atingir os objectivos

Os métodos para atingir os objectivos foram os seguintes:

Objectivo 1: Determinar os custos e benefícios do desenvolvimento da aquacultura versus restauração de mangais e realizar a ACB das actividades de aquacultura das comunidades da Lagoa De Gi.

Métodos e fontes de dados: Para o desenvolvimento da aquacultura, primeiro, foram obtidas medições dos custos de construção de tanques, reprodução, alimentação industrial e fresca, mão-de-obra, materiais e custos diversos e o custo total foi determinado a partir destas medições que foram determinadas a partir de preços baseados no mercado e depois os benefícios foram derivados do rendimento total. Em segundo lugar, estes custos e benefícios foram previstos durante um período de 20 anos entre 2017 e 2037.Em terceiro lugar, foi aplicada uma taxa de desconto. Em quarto lugar, foram determinados os custos por ano e os benefícios por ano e os valores resultantes foram descontados e depois o VAL foi calculado para cada ano. A diferença entre o VAL dos custos e o VAL dos benefícios era para indicar os benefícios líquidos e o BCR foi calculado e este completou a ACB.

Os custos de restauração de mangais baseados em valores de utilização directa e indirecta foram obtidos a partir de dados secundários sobre medições e estudos feitos por (Tinh et al., 2013) e de entrevistas de informadores chave com funcionários governamentais chave em Phu Cat e Phu My. Os benefícios do valor total dos valores de utilização directa (isto é, benefícios de camarão, caranguejo e aquacultura e práticas de pesca) foram também obtidos a partir de dados secundários e de entrevistas a informadores-chave. Os benefícios dos valores de utilização indirecta foram determinados também a partir de dados secundários e de entrevistas a informadores chave. Os benefícios dos valores de não utilização foram calculados utilizando ETA com base em dados desta investigação. Em segundo lugar, estes custos e benefícios foram estimados ao longo de um período de 20 anos, de 2017 a 2037. Em quarto lugar, foi calculado o valor actual líquido (VAL) dos custos e benefícios e, finalmente, foi calculada a diferença entre o VAL dos custos e o VAL dos benefícios e foi determinado o BCR para completar a ACB.

A Taxa Interna de Retorno (TIR), a Relação Benefício/Custo (BCR) e a Análise de Sensibilidade, ARR, PBP, e IBCR foram determinadas para completar a CBA para comparação.

Objectivo 2: Examinar a vontade individual de participar num programa de restauração de mangais como estratégia de mitigação do clima na Lagoa De Gi, utilizando um modelo de regressão Tobit.

Métodos e fontes de dados: Os dados primários foram recolhidos através de questionários. Foram obtidos dados primários sobre acordo de participação (Sim/Não), sexo, idade, educação, dimensão do agregado familiar, número de dependentes, apoio à biodiversidade, benefícios da restauração e rendimento anual do agregado familiar. Os dados secundários foram também recolhidos nos principais gabinetes de informação do governo. Além disso, foram recolhidos e meta-analisados e sintetizados dados de estudos realizados por vários peritos e profissionais em todo o mundo para validar os resultados obtidos a partir da análise de dados de investigação primária.

3.9 Ferramentas de Investigação Utilizadas para Atingir os Objectivos

O investigador estudante utilizou quatro abordagens centrais; nomeadamente (1) Análise CBA a partir da investigação e dados secundários, (2) Meta-análise de não regressão (3) Citações e (4) Modelo Tobit para examinar os factores que afectam a vontade de participar num programa de restauração. Além disso, foram também utilizados alguns instrumentos de investigação comuns para realizar o objectivo do projecto de investigação, tal como acima mencionado. Estes instrumentos são descritos em pormenor a seguir.

(a) Investigação e consultas de secretária

O estudante efectuou investigação documental através de pesquisa e estudo de publicações em bibliotecas universitárias em linha, revistas em linha e livros em linha. Isto foi feito para obter dados secundários sobre CBA por especialistas e profissionais, bem como por académicos de todo o mundo, para melhorar a fiabilidade dos resultados. Foram também realizadas consultas com os professores e académicos, bem como com colegas da NTU sobre questões pertinentes.

(b) Discussões dos Grupos de Centragem

Uma Discussão de Grupo de Discussão (FGD) é uma discussão que é conduzida com a participação de 7 a 12 respondentes. O principal objectivo do FGD é captar experiências e opiniões dos inquiridos sobre determinadas questões com vista a obter respostas às perguntas da investigação (Metodologia de Investigação, 2017). Realizou-se uma discussão de grupo focal com os membros da comunidade da província de Binh Dinh e outra em Ninh Ich. O objectivo da discussão dos grupos focais foi o de obter as experiências e percepções dos membros da comunidade relativamente ao programa de restauração de mangais e introduzir os resultados no questionário.

(c) Entrevistas de Peritos

Uma entrevista de Peritos é uma forma de investigação exploratória que envolve a realização de uma discussão ou série de discussões com um indivíduo ou grupos de indivíduos com experiência e conhecimentos sobre um determinado assunto (Insights Association, 2018). O objectivo dos inquéritos de Peritos era recolher informações dos profissionais governamentais sobre a situação relativa à conversão de mangais e ao desenvolvimento da aquacultura na província de Binh Dinh do Vietname.

3.10 Sítio de estudo

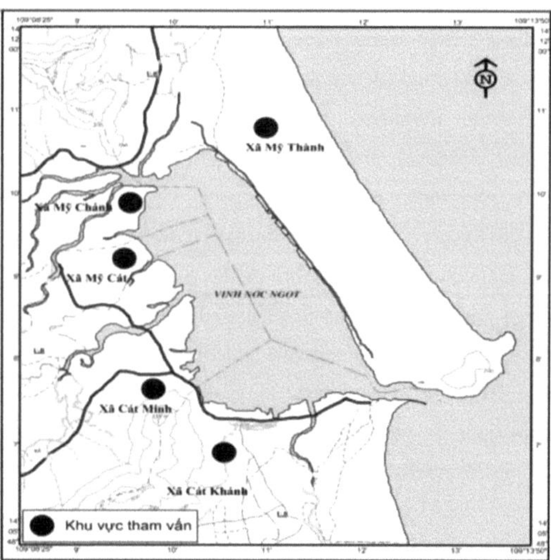

Figura 3.1: Mapa do local de estudo - Lagoa De Gi e as comunas circundantes

Fonte: Ngai, et al (2015)

A investigação foi conduzida na província de Binh Dinh do Vietname. A província de Binh Dinh faz fronteira com a província de Quang Ngai a norte, a província de Gia Lai a oeste e a província de Phu Yen a sul. A linha costeira da Província de Binh Dinh tem aproximadamente 100 km de comprimento e inclui pequenas e grandes ilhas ao largo. Tem uma temperatura média de ^{270} C com um clima de monção tropical. A precipitação anual total varia entre 1300 mm a 2500 mm, com início em Setembro e duração até Dezembro. A província de Binh Dinh é a capital da tempestade do Vietname com tufões e trovoadas entre Setembro e Novembro. O seu terreno é uma mistura complexa de montanhas, planícies, lagos, rios e lagoas (Vietnamonline, 2015).

De acordo com VIETRADE (2011), a província de Binh Dinh situa-se na costa da Região Económica Principal do Vietname Central. A província tem potencial em minerais e florestas, dos quais 185.884 ha são florestas naturais, 64, 850 ha são florestas artificiais ou plantadas. A área florestal total é de cerca de 250.734 ha. Tem também potencial em produtos aquáticos com uma produção total anual de 120.000 toneladas, 55% desta produção provém da pesca off-shore.

A água salobra natural tem uma área de 7.600 ha. Isto inclui as seguintes lagoas: Lagoa Thi Nai (5.060 ha), lagoa De Gi (1.600 ha), mostrada na Figura 3.1; foz do rio Tam Quan (400 ha), lagoa Tra O (entre 1.200 ha - 1.600 ha), lagoa Chau Truc (1.200 ha). A aquacultura de água brackish tem potencial para a cultura de açucar *(Dendrobranchiata),* camarão *(Penaus monodou),* camarão branco *(Litopenaeus vannamei),* garoupa *(Epinephelinae bruneus),* pargo *(Lutjanidae),* berbigão *(Anadara granosa)*, ostras *(Crassostrea rhizophorae),* caranguejos *(Brachyura),* nomes científicos adaptados de (A-Z Animals, 2018), e ervas daninhas do mar *(Gracilaria tenuistipitata*, *Gracilariopsis heteroclada*, entre muitas outras), entre muitas plantas e criaturas aquáticas. A água doce tem uma área aproximadamente igual a 5, 176 ha com potencial para a criação de tartarugas *(Chelydridae),* tartarugas *(Geochelone elegans),* enguias de ébano *(Muraeidae),* camarões gigantes de água doce *(Macrobrachium rosenbergii),* entre muitos outros tipos de espécies. A capacidade de produção de marisco da província de Binh Dinh é de 35 toneladas/dia e tem um rendimento anual de 30 milhões de USD em exportações (VIETRADE, 2011).

O local específico do estudo é a Lagoa De Gi, situada entre a latitude 14o 07' 10" e a latitude 14o 10' 40". A Lagoa De Gi tem 6,5 km de comprimento e 2,8 km de largura. Tem 0,9 m de profundidade em média, sendo os pontos mais profundos de 1,4 m de profundidade. A boca da lagoa tem 125 m de largura e 1,6 m de profundidade, sendo o ponto mais profundo de 7 m de profundidade. Na maré cheia, a superfície da lagoa cobre uma área de 1.600 ha enquanto na maré baixa a área coberta pela água é de 1.000 ha. As florestas de mangue costumavam cobrir uma área de 57,27 ha. A lagoa forma o limite das comunas My Thanh, My Chanh e My Cat que pertencem ao distrito de Phu My a norte; a sul, forma o limite com as comunas Cat Minh e Cat Khanh que pertencem ao distrito de Phu Cat (Ngai, Tuan, Long, Tuyen, & Hong, 2015).

3.11 Síntese/análise de dados

Os dados recolhidos foram analisados utilizando software estatístico Micro-soft excel sheets e programas adicionais Micro-soft excel sheet add-in como Real Statistics Resource Pack for Excel e Gretl (GNU Regression, Econometrics, Time-series Library). Os valores actuais líquidos (VAL) dos prováveis benefícios e custos foram calculados e os VAL dos benefícios e custos para o desenvolvimento da aquacultura e restauração de mangais foram comparados ao longo de um período de 20 anos, começando em 2017 a 2037. Além disso, a ACB foi levada a cabo utilizando uma abordagem metodológica múltipla. A razão para a utilização de vários métodos foi assegurar que uma ampla secção transversal de leitores, especialmente os membros da comunidade, fosse atendida. Além disso, cada método enfatiza um aspecto particular da gestão financeira do projecto e, como tal, a abordagem assegura que os resultados validados sejam comunicados. Os métodos que foram utilizados para realizar a análise de custos e benefícios são os explicados anteriormente.

O efeito de factores sócio-económicos como idade, sexo, educação, rendimento, número de pessoas nas famílias, entre muitos outros factores, bem como os factores de resposta como razões para acreditar que o programa de restauração é uma boa estratégia de mitigação do impacto das alterações climáticas, foi analisado utilizando o modelo Tobit. O modelo Tobit é explicado na secção 3.5 (a) acima.

CAPÍTULO 4 RESULTADOS E DISCUSSÕES

4.1 Resultados das Discussões dos Grupos de Centragem

O FGD começou por descobrir os antecedentes do programa de restauração de mangais que foi iniciado com a assistência técnica da Asian Cities Climate Change Resilience Network (ACCCRN) na província de Binh, mas desde então foi descontinuado e assumido pelo GoV. Os membros da comunidade disseram que no passado não dispunham de um programa de restauração de mangais posto em prática pelo governo. No entanto, indicaram que há oito anos (2010) o governo iniciou o programa de restauração de mangais. Além disso, os membros da comunidade indicaram que após o início do programa de restauração de mangais em 2010, o governo deu o poder de controlo e gestão das florestas de mangais às comunidades locais. O governo introduziu um plano de pagamento de compensação por serviços ecossistémicos (PES) em que os agricultores eram pagos para cuidar das florestas de mangue. Além disso, os membros da comunidade indicaram que o governo tinha proibido a colheita de madeira e fibras dos manguezais. No entanto, os discutidores do FGD não forneceram qualquer informação sobre o uso da terra para a aquacultura, rendimentos, quantidade de colheita e custos.

Observou-se que todo o perímetro da lagoa é ocupado por tanques de aquacultura, e os aquicultores concentraram-se apenas na produção de camarão. O rendimento da venda de camarão foi de aproximadamente 100.000 VND/kg. Os membros da comunidade indicaram que o custo absorve cerca de metade do rendimento. Os agricultores afirmaram ter beneficiado do programa de restauração de mangais, como se viu na reduzida prevalência de doenças e na protecção dos tanques contra tempestades. Devido a isto, os membros da comunidade que não tinham mangais em volta das suas lagoas também começaram a plantar o mangue para protecção, embora o espaço seja agora limitado devido à construção das lagoas.

Os discutentes também foram questionados sobre os desafios. Indicaram que um dos maiores desafios enfrentados pelos membros da comunidade foi a redução do número de árvores que sobreviveram devido a ataques de ostras *(Grassotrea rhizophorae)* sobre as raízes. A falta de espaços para a plantação de árvores de mangue foi também um desafio. Além disso, as actividades de arrasto desenraizaram os jovens manguezais. Além disso, os membros da comunidade indicaram que, no passado, destruíram os mangais para criar tanques de sal para extracção de sal (cloreto de sódio, NaCl). Indicaram também que o nível do mar estava a subir, o pH estava a mudar (a partir da informação fornecida pelo governo) e que estava mais quente do que no passado, o que significava um aumento da temperatura. Estas discussões concordaram bem com as estatísticas do GSO do Vietname (ver Apêndice 10 neste relatório).

Sobre os benefícios recebidos das florestas de mangais; os membros da comunidade disseram saber que os ecossistemas de mangais são locais de reprodução de organismos aquáticos como o camarão *(Caridea)*, peixe azedo *(Ichthyoid)*, ostra *(Grassotrea rhizophorae)* e que, portanto, eram benéficos. Por conseguinte, estavam de acordo sobre o programa de restauração de mangais. No entanto, disseram que as únicas actividades de apanha de peixe e de fruta eram a colheita de peixe; a colheita de madeira e madeira tinha sido banida pelo governo.

4.2 Resultados das Entrevistas de Peritos

Os profissionais do governo indicaram que o governo tinha envolvido as comunidades à volta da lagoa De Gi em discussões sobre a restauração de mangais em 2004, mas o projecto real não podia arrancar antes de 2010. A intensidade do planeamento atingiu o seu pico em 2006 e a plantação começou em 2010 e durou até 2013 com um total de mangais plantados de 26,3 ha. Em 2017, havia mais 5,0 ha plantados, afirmam os peritos governamentais. Os peritos governamentais também indicaram que o custo provável da restauração dos mangais poderia situar-se entre VND 1.500 milhões e VND 3.500 milhões por hectare por ano (no cálculo, o valor utilizado foi de VND 2.500 milhões - próximo do valor de referência médio). Os custos iniciais de pagamento de manutenção e cuidados de saúde situar-se-iam entre VND 200 milhões e VND 250 milhões por ha por ano. Os peritos governamentais apontaram uma série de desafios como a pesca ilegal e os ataques de ostras a mangais. Os 50 ha utilizados para este estudo foram assumidos para uma fase do programa.

4.3 Resultados de dados de investigação - Informação biográfica

Os resultados sobre as informações biográficas dos inquiridos foram obtidos a partir dos questionários administrados aos inquiridos. Estes resultados nos números seguintes, foram resumidos e apresentados utilizando o Microsoft Excel.

(a) Distribuição dos inquiridos por município e dimensão do agregado familiar

Os resultados do inquérito sobre a distribuição dos detalhes socioeconómicos dos inquiridos estão resumidos nas figuras 4.1 e 4.2.

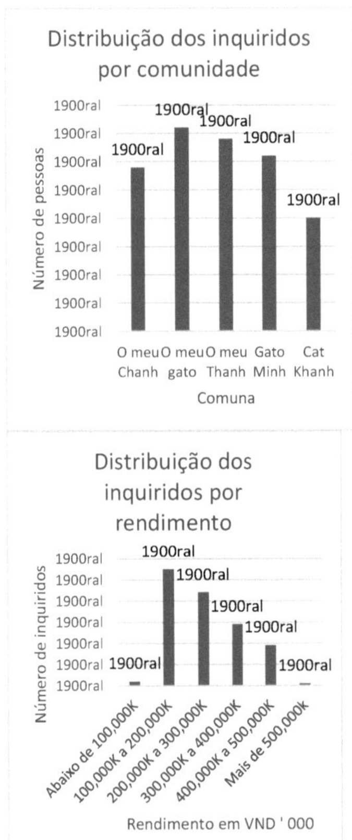

Figura 4.1: Inquiridos por comunidade e rendimentos dos inquiridos (n =150)

Fonte: Compilado para este relatório por estudante

Figura 4.2: Número de pessoas e dependentes no agregado familiar (n =150)

Fonte: Respondido para este estudo pelo estudante

A Figura 4.1 mostra que o maior número de inquiridos era da comuna My Cat (36 inquiridos) enquanto que o menor era da comuna Cat Khanh, da qual os investigadores registaram 20 inquiridos. A distribuição dos rendimentos que é mostrada também na figura 4.1, mostra que o menor número de inquiridos se encontra nos escalões de rendimentos inferiores a VND 100.000.000 por ano e superiores a VND 500.000.000. Na figura 4.2, mostra-se que o maior número de pessoas nos agregados familiares registados foi de 5,0 com um número mínimo de 2,0 registados por 7,0 agregados familiares. A figura 4.2 mostra também que o maior número de famílias, registado por 51 famílias, tinha 0 dependentes, enquanto 3 famílias tinham o maior número de dependentes de 5.

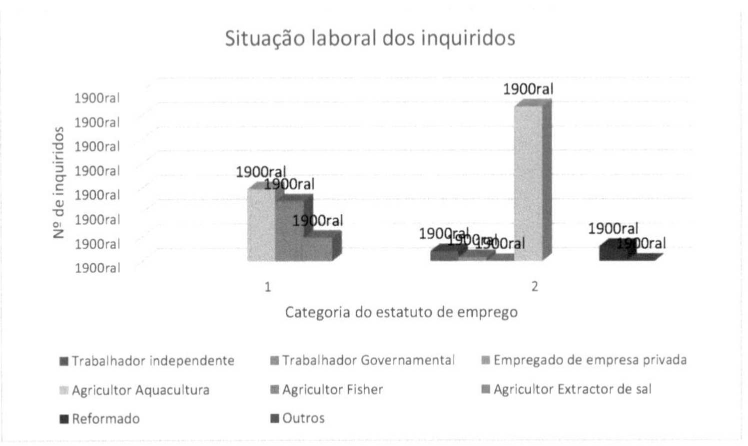

Figura 4.3: Situação laboral dos inquiridos (n = 150)

Fonte: Compilado para este relatório pelo estudante (2017)

A Figura 4.3 mostra um resumo da situação de emprego dos inquiridos. A Categoria de Agricultor teve o maior número de inquiridos com um total de 127 inquiridos divididos em três categorias de Aquacultura Agricultor (59 inquiridos), Agricultor Pescador (49 inquiridos) e Agricultor Extractor de Sal (19 inquiridos). As outras categorias em que os reformados, outros, trabalhadores por conta própria, trabalhadores do governo e trabalhadores de empresas privadas. Este resultado parece concordar com o relatório de Richards e Friess (2016), no qual relatam que a aquacultura é um importante motor de mudança nos ecossistemas de mangais (Richards & Friess, 2016b). Espera-se que os aquicultores sejam a maioria.

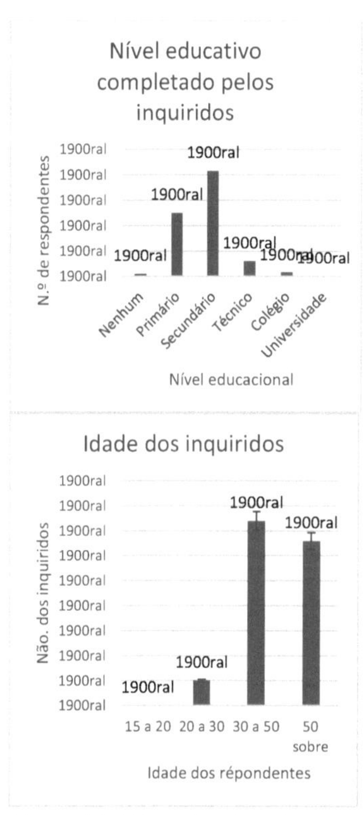

Figura 4.4: Nível educativo dos inquiridos e idade dos inquiridos (n = 150)

Fonte: Compilado pelo estudante para este relatório

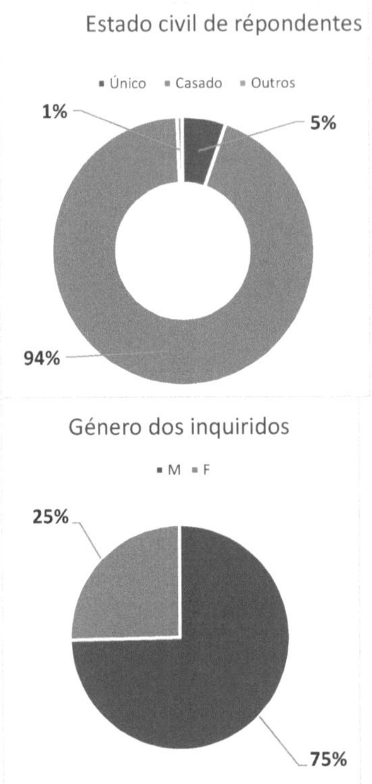

Figura 4.5: Estado civil dos inquiridos e sexo dos inquiridos (n = 150)

Fonte: Compilado para este relatório pelo estudante

A Figura 4.4 é um resumo dos antecedentes educacionais das respostas. Descobriu-se que a maioria dos inquiridos frequentou o ensino secundário (83 do total dos inquiridos), enquanto muito poucos (2 do total dos inquiridos) eram completamente analfabetos. Enquanto que nenhum era licenciado, muito poucos inquiridos (3) relataram que eram licenciados. A conclusão está de acordo com o relatório do Vietnamnet (2016). Segundo o Vietnamnet (2016), a percentagem de cidadãos alfabetizados com idades compreendidas entre os 15 e os 35 anos tinha atingido 98,1%, enquanto que a percentagem de cidadãos alfabetizados com idades compreendidas entre os 15 e os 60 anos era de 96,83%. Isto baseia-se em relatórios compilados pelo

Ministério da Educação e Formação para o ano académico 2015-2016 (Vietnamnet, 2016).

A Figura 4.4 mostra também os resultados do inquérito sobre a idade dos inquiridos. A maioria dos inquiridos tinha entre 30 e 50 anos de idade. As duas últimas figuras estão a expressar os resultados sobre o estado civil e o sexo. A maioria dos inquiridos (94%) eram casados (Figura 4.5) enquanto que a maioria dos inquiridos são do sexo masculino (75%), como se mostra também na Figura 4.5. Esta descoberta está bem de acordo com o relatório intitulado "Análise de Género da Cadeia de Valor da Aquacultura no Norte do Vietname e Nigéria" de Veliu et al (2009). Veliu et al (2009), no qual se constatou que em actividades de aquacultura como a aquacultura de pequena, média e grande escala, os homens dominam na maternidade/novegaria, actividades de cultivo/agricultura e actividades de comercialização ou transformação, enquanto as mulheres participam de forma limitada apenas em actividades de cultivo/agricultura de aquacultura de pequena escala e de comercialização/transformação (Veliu, Gessese, Ragasa, & Okali, 2009). Assim, as questões de género na aquacultura são que os homens dominam e as mulheres são marginalizadas quando se trata de actividades que requerem capacidades de decisão.

4.4 Resultados de dados de investigação - Cálculo da análise custo-benefício da aquacultura

Os resultados para o cálculo da análise custo-benefício foram obtidos a partir de dados secundários, bem como a partir do ETA calculado a partir dos dados primários. O que se segue são resumos e discussões sobre os resultados do cálculo.

a) Cálculo do custo, receitas e receitas líquidas da aquacultura

A análise custo-benefício da aquacultura é calculada com base no estudo de Tinh et al (2013) ver quadro 4.1. Os custos e benefícios são convertidos para preços de 2017 com uma taxa de juro de 3% utilizando fórmulas de excel inbuilt (ver quadro 4.2), que foi a taxa de juro média modesta entre 2012 e 2017 (Trading Eonomics, 2018). Contudo, o custo da mão-de-obra é removido, uma vez que alguns dos agricultores indicaram que o custo da mão-de-obra é igual a zero (entrevista da FGD, 2017).

"Nós, os pequenos aquicultores,s fazemos a maior parte do trabalho nos tanques. Não gastamos, portanto, dinheiro em custos de mão-de-obra" (FGD/entrevista com um piscicultor, 2017).

O quadro abaixo mostra o custo e os benefícios de 1 ha de aquacultura.

Quadro 4.1 : Análise de custo total de 1 ha de aquicultura por ha por ano na lagoa de Thi Nai (preços de 2012)

	Item de custo	Valor (VND'1000)		Por cento do custo total
1	Preparação da lagoa		27,000	42%
2	Reprodução		12,000	19%
3	Alimentação industrial		4,300	7%
4	Alimentos frescos		11,000	17%
5	Trabalho		6,800	11%
6	Materiais para lagos		1,250	2%
7	Outros		2,300	4%
	Custo total		64,650	100%
	Receitas totais		72,000	
	Receita líquida		7,350	

Fonte: Adaptado de Tuan e Tinh (2012)

Quadro 4.2: Análise de custo total de 1 ha de aquicultura por ha por ano na lagoa De Gi (ajustado para a inflação até 2017)

	Item de custo	Valor (VND'1000)		Por cento do custo total
		Ajustado à inflação		
1	Preparação da lagoa		31,300	47%
2	Reprodução		13,911	21%
3	Alimentação industrial		4,985	7%
4	Alimentos frescos		12,752	19%
5	**Trabalho**		**0**	**0%**
6	Materiais para lagos		1,449	2%
7	Outros		2,666	4%
	Custo total		67,064	100%

	Receitas totais	83,468
	Receita líquida	16,404

Fonte: Compilado para este estudo pelo estudante baseado em Tuan e Tinh (2013)

(b) Análise custo-benefício completa e análise de sensibilidade para aquacultura

A análise de sensibilidade foi realizada de acordo com o procedimento dado por Pannel (1997) no artigo intitulado "Sensitivity Analysis of Normative Economic Models" (Análise de sensibilidade de modelos económicos normativos): Quadro Teórico e Estratégias Práticas". O procedimento dado neste artigo afirmava que para realizar a análise de sensibilidade pode-se variar qualquer um dos seis factores seguintes, nomeadamente: a contribuição de uma actividade, o objectivo, uma restrição, o número de restrições, o número de actividades e os parâmetros técnicos (Pannel, 1997). Seguindo o pressuposto de que alguns dos agricultores não exigirão o custo total da mão-de-obra, alguns dos agricultores exigirão mão-de-obra a meio custo, enquanto que alguns dos agricultores exigirão mão-de-obra a custo total. Os benefícios líquidos variam de VND16.404.000 a VND 13, 004.000,00 e finalmente até VND 9, 604.000,00 como se pode ver no quadro 4.3.

Quadro 4.3: Variação no custo total da análise de sensibilidade

	Item de custo	Valor VND'1000	% do custo total		Item de custo	Valor VND'1000	% do custo total
		Ajustado à inflação				Ajustado à inflação	
1	Preparação da lagoa	31,300	44%	1	Preparação da lagoa	31,300	42%
2	Reprodução	13,911	20%	2	Reprodução	13,911	19%
3	Alimentação industrial	4,985	7%	3	Alimentação industrial	4,985	7%
4	Alimentos frescos	12,752	18%	4	Alimentos frescos	12,752	17%
5	**Trabalho**	**3,400**	**5%**	5	**Trabalho**	**6,800**	**9%**

6	Materiais para lagos	1,449	2%	6	Materiais para lagos	1,449	2%
7	Outros	2,666	4%	7	Outros	2,666	4%
	Custo total	70,464	100%		Custo total	73,863	100%
	Receitas totais	83,468			Receitas totais	83,468	
	Receita líquida	13,004			Receita líquida	9,604	

Fonte: Compilado para este estudo pelo estudante com base em Tuan e Tinh (2013) mas modificado

Constatou-se que o VNP era VND 6.994.814.000,00 e o BCR foi calculado em 1,2446 (ver apêndice 3). A TIR não pôde ser calculada para a aquacultura uma vez que todos os valores NPV são positivos e a TIR é muito grande e positiva (irrealisticamente). Neste cenário, o custo da mão-de-obra não foi tido em conta. A análise de sensibilidade completa foi realizada aumentando o custo da mão-de-obra r para metade do custo e o custo total desde o início do projecto. O Quadro 4.3 e o Apêndice 4 é uma exposição da análise de sensibilidade completa das actividades de aquacultura na lagoa De Gi em dois cenários diferentes. Dois factores foram variados, nomeadamente as taxas de desconto e o custo total. O custo que foi variado foi o custo da mão-de-obra, tal como indicado anteriormente. A ACB está resumida na tabela 4.4 a taxas de desconto de 7%, 11% e 14%.

Quadro 4.4: Resumo da ACB e da análise de sensibilidade para a aquacultura

Índice	Unidade	Taxa de Desconto %		
		7%	11%	14%
NPV	VND 1000	10,425,117	6,994,814	5,391,608
BCR	Times	1.2793	1.2446	1.2204
		Custo da mão-de-obra = 0	Custo da mão-de-obra =0,5 custo	Custo da mão-de-obra = custo total

Fonte: Compilado pelo estudante para este relatório

4.5 Resultados de dados de investigação - Análise custo-benefício de programas de restauração de mangais

A análise custo-benefício do programa de restauração de mangais foi determinada de acordo com as etapas delineadas.

Em primeiro lugar, os estudos anteriores foram revistos e examinados para se obterem resultados. Os benefícios totais do programa de restauração de mangais foram determinados a partir de três estudos revistos: "Cost-benefit Analysis of mangrove restoration in Thi Nai Lagoon, Quy Nhon City, Viet Nam" por Tuan e Tinh (2013). Outro estudo intitulado "Ecosystem Services for Climate Resilience in Quy Nhon City" por Tuan et al (2012); e finalmente um estudo intitulado "Mangrove Restoration or Aquaculture Development": Cost and Benefit Analysis in Thi Nai Lagoon", por Tuan et al (2013). O benefício dos valores não utilizados foi obtido a partir do ETA para este estudo.

Em segundo lugar, o custo total da restauração de mangais foi descoberto por entrevistas de Peritos com funcionários governamentais na cidade de Quy Nhon. Foi encontrado entre 1.500 milhões de VND e 3.500 milhões de VND, assumindo-se um valor médio de 2.500 milhões de VND por ha por ano. Assumiu-se que a restauração estaria concluída até 2019 após um período de três anos e, a partir daí, o único custo seria para a manutenção. Os funcionários governamentais indicaram que o governo poderia pagar pelos cuidados e manutenção dos mangais cerca de 250 milhões de VND por hectare por ano durante os próximos três anos a partir de 2017 e reduzir para VND 200 milhões de VND por hectare por ano a partir daí para os cuidados e manutenção dos mangais.

Em terceiro lugar, as taxas de desconto e as taxas de inflação pertinentes foram determinadas com base na literatura relevante que foi revista. A taxa de inflação foi estabelecida para um modesto 3%. Esta foi baseada na Trading Economic (2018) que relatou que as taxas de juro no Vietname variavam entre 3,0% (que era a mais baixa) e 13% que era a mais alta. O valor mais baixo, 3%, foi seleccionado para proporcionar uma tendência baixa a constante. Enquanto os factores de desconto em quatro estudos variavam entre 1% e 15% (Atkinson et al., 2016; N. H. Nguyen, 2015; Smajgl, 2015; Tinh et al., 2008).

Em quarto lugar, o custo da restauração de mangais foi calculado ao longo de um período de 20 anos, assumindo que a restauração custaria VND 2.500 milhões por hectare por ano durante os primeiros 3 anos do programa. O parecer dos peritos dos funcionários governamentais indicou que o programa pode ser capaz de replantar cerca de 17 ha por ano para dar um total de 50 ha em três anos.

O TEV dos ecossistemas de mangais foi determinado com base neste estudo e dois estudos de Tinh et al (2012-2013) utilizando uma percentagem deflacionária de 3%. Em quinto lugar, o NPV, BCR, IRR, ARR, PBP e IBCR foram calculados e as análises de sensibilidade efectuadas utilizando três taxas de desconto de 7%, 11%, e 14%. Contudo, é de notar que o VAL e o BCR são suficientes para determinar qual é um melhor programa de utilização dos recursos naturais, o ARR, PBP, um IBCR serviu para validar a superioridade do programa de restauração de mangais.
Os benefícios totais da restauração dos mangais foram estimados com método não paramétrico a preços de 2012 no relatório Tinh et al (2012) (ver quadro 4.5). O valor do CVM foi omitido nesta tabela pelo estudante, uma vez que não era relevante. A tabela 4.5 é apenas utilizada para mostrar os valores a preços de 2012. Os valores foram todos ajustados aos preços de 2017 (ver tabela 4.8). Foi tido o cuidado de observar que apenas os serviços de ecossistemas dependentes do mercado poderiam ter os preços ajustados com base na inflação. Os bens e serviços não relacionados com o mercado não foram ajustados.

(a) Cálculo do valor dos valores não utilizados (Ver Anexo 2 do presente relatório)

A maioria dos inquiridos (81%) expressou que estava disposta a contribuir financeiramente para o custo da restauração dos mangais (Ver Apêndice 2.2 do presente relatório).

O cálculo foi calculado utilizando folhas de Excel, como se segue. Este foi o valor por ano e por hectare. Assim: ETA média por ano para 50 ha por agregado familiar = VND 104,69 mil por agregado familiar por ano para 50 ha; ETA total por ha por ano = (Nº de agregados familiares) X ETA média por ano por ha/ 50 = VND 27.518,00 mil (Ver Apêndice 2.4 neste relatório). Os benefícios totais foram VND 56.180,68 milhões (ver quadro 4.6).

Quadro 4.5: Benefício total da restauração de mangais estimado com método não paramétrico a preços de 2012

Valor económico total	Valor/ha
	(VND '1000
Valores de Utilização Directa	16,150.00
Aquacultura	7,490

Pesca	8,460
Ganhos com a protecção das florestas	240
Valores de uso indirecto	9940
Serviços de Ecossistemas	7200
Estabilização da linha de costa	1870
Sequestro de carbono	870
Valores não utilizados (CVM)	
*Estimativa não paramétrica	*****

Fonte: Modificado para este relatório com base em informações de Tuan e Tinh (2012)

** Este valor foi calculado para este inquérito, como mostrado acima.*

Quadro 4.6: Benefício total da restauração de mangais estimado com método não paramétrico a preços de 2017

Valor económico total	Valor/ha	% do valor total
	(VND '1000)	%
Valores de Utilização Directa	18,722.28	33%
Aquacultura	8,682.96	15%
Pesca	9,807.46	17%
Ganhos com a protecção das florestas	200.00	0%
Valores de uso indirecto	9,940.00	18%
Serviços de Ecossistemas	7,200.00	13%
Estabilização da linha de costa	1,870.00	3%
Sequestro de carbono	870.00	2%
Valores não utilizados (CVM)		
*Estimativa não paramétrica	27,518.00	49%
	56,180.68	100%

Fonte: Compilado pelo estudante para este relatório com base em informações de Tuan e Tinh (2012)
** O valor dos serviços de ecossistemas não utilizados foi obtido a partir do inquérito pelo estudante.*

c) Determinação do custo/benefício total do programa de restauração de manguezais

O custo total da restauração dos mangais foi determinado como se mostra no Apêndice 6, abaixo, utilizando uma taxa de desconto de 11%. Como indicado anteriormente, assumindo que durante os primeiros 3 anos o custo é de VND

2.950.000.000,00 (obtido adicionando VND 2.500 milhões e VND 250 milhões durante os primeiros 3 anos) e aí após apenas o custo de manutenção é incorrido em VND 250 milhões por ha por ano durante os próximos 3 anos e aí após a redução para VND 200 milhões por ha por ano durante o resto do tempo do projecto.

d) Resumo da análise de sensibilidade do programa de restauração de mangais

A sensibilidade total foi realizada como se mostra no Apêndice 5. O quadro 4.7 mostra um resumo da análise de sensibilidade do programa de restauração dos mangais. Com a TIR a passar de 19% à taxa de desconto de 7% para 7% à taxa de desconto de 14%. O BCR passa de 2,5865 para 1,7604 respectivamente (ver quadro 4.7 para resumo).

Quadro 4.7: Análise de sensibilidade para restauração de mangais

Índice	Unidade	Taxa de Desconto %		
		7%	11%	14%
NPV	VND (1000)	14,811,365	8,788,840	5,862,316
BCR	Times	2.5865	2.0573	1.7604
IRR	Taxa	19%	15%	7%

Fonte: Compilado pelo estudante para este relatório (ver Apêndice 3,4,5 e 6)

(e) Resultados do cálculo de ARR

Os resultados do cálculo do ARR usando o pacote estatístico excel são mostrados na tabela 4.8.

Tabela 4.8 Resultados dos cálculos ARR

	Mangrove	Aquacultura (Conversão de mangueiras)		
		7%	11%	14%
Receitas totais	49,860,354	90,145,152	90,145,152	90,145,152
Receita média	2,493,017.68	4,507,257.6	4,507,258	4,507,257.6

Invetuação inicial	612,500	3,523,200.25	3,608,044	3,693,200.25
ARR	4.07	1.28	1.25	1.22

Fonte: Compilado pelo estudante para este relatório (ver Apêndice 3,4,5 e 6)

Notas: Os valores estão em VND'1000

Os resultados mostram que a conservação dos mangais tem uma ARR de 4,07, enquanto a conversão e destruição dos mangais para a aquacultura tem uma ARR de 1,28 à taxa de desconto de 7%, 1,25 à taxa de desconto de 11% e 1,22 à taxa de desconto de 14%. Isto mostra que a conservação pode ser um programa melhor em comparação com a conversão devido aos valores superiores calculados.

(f) Resultados do cálculo do Período de Retorno (PBP)

Os resultados da determinação do período de retorno são apresentados no quadro 4.9 abaixo.

Quadro 4.9: Cálculo PBP

Mangrove	Aquacultura		
	7%	11%	14%
VND '1000	70,464,005.2	72,160,870	73,864,005.2
7 anos	15,6 anos	16,0 anos	16,4 anos

Fonte: Compilado pelo estudante para este relatório (ver Apêndice 3,4,5 e 6)

Os resultados do cálculo do período de reembolso mostram que a conversão tem 15,6 anos à taxa de desconto de 7%, 16,0 anos à taxa de desconto de 11% e 16,4 anos à taxa de desconto de 14%. A conservação dos mangues tem um PBP de 7 anos. Isto talvez seja um indicador de que a conservação é melhor do que a conversão devido ao PBP superior...

(g) Resultados da determinação do BCR Incremental

Os resultados do IBCR são apresentados na tabela 4.10 abaixo. Uma vez que existem apenas dois projectos, um projecto hipotético chamado "Projecto Não Fazer

Nada" está incluído com "0 custos" e "0 benefícios". O "Projecto Não Fazer Nada" é um projecto em que os agricultores continuam com outras actividades mas não começam a desertar os mangais.

Tabela 4.10 Determinação do IBCR

	Manguezal(1)	Aquacultura(2)			Não fazer nada (3)
		7%	11%	14%	
TC	12,250,000	72,160,870	70,464,005	73,864,005	0
TB	49,860,354	89,811,281	90,145,152	90,145,152	0
IBCR		0.67	0.69	0.65	4.07

Fonte: Compilado pelo estudante para este relatório (ver Apêndice 3,4,5 e 6)

Notas: Todos os valores em VND '1000

O cálculo do IBCR mostra que quando foi utilizada uma taxa de desconto de 7% para a aquacultura, ou seja, conversão de mangais, o IBCR foi de 0,67. Quando uma taxa de desconto foi aumentada para 11%, o IBCR era de 0,69 e quando a taxa de desconto foi alterada para 14%, o IBCR era de 0,65. O projecto hipotético que foi utilizado como terceiro projecto foi o "Projecto Não Fazer Nada" . O "Projecto Não Fazer Nada" tinha um IBCR de 4,07. A regra de decisão aqui é aceitar um projecto com IBCR > 1 e rejeitar um projecto com IBCR < 1. Assim, a conversão da aquacultura teve um IBCR de menos um. Assim, os aquicultores estão provavelmente melhor sem fazer nada uma vez que o "Projecto Não Fazer Nada" tinha um IBCR superior, o que torna a conservação e restauração dos mangais superior.

h) Comparação entre os programas de aquicultura e de restauração de mangais

A comparação entre aquicultura, ou seja, a conversão de mangais para fins de cultivo de espécies marinhas e aquáticas para a restauração alimentar e de mangais, ou seja, a replantação de mangais e a realização da aquicultura e da pesca em ecossistemas suportados por mangais, foi realizada. As medidas utilizadas para comparar os custos e benefícios foram o valor presente líquido (VAL), rácio benefício/custo (BCR), taxa interna de retorno (TIR), taxa média de retorno (ARR), período de retorno (PBP) e rácio benefício/custo incremental (IBCR). A comparação é mostrada no quadro 4.11.

Quadro 4.11: Comparação entre a restauração de mangais e o desenvolvimento da aquicultura (conversão e destruição de mangais)

Índice	Unidade	Taxa de Desconto %		
		7%	11%	14%
(A)	Programa de aquacultura			
NPV	VND 1000	10,429,511	6,994,814	5,391,608
BCR	Times	1.2793	1.2446	1.2204
ARR	Times	1.28	1.25	1.22
PBP		15,6 anos	16,0 anos	16,4 anos
IBCR	Times	0.67	0.69	0.65
(B)	Programa de Restauração de Manguezais			
NPV	VND 1000	14,811,365	8,788,840	5,862,316
BCR	Times	2.5865	2.0573	1.2683
ARR	Times	4.07	4.07	4.07
PBP		7 anos	7 anos	7 anos
IBCR	Times	-	-	-
(C)	Diferenças entre aquicultura e programa de restauração de manguezais			
	NPV	(A) < (B)	(A) < (B)	(A) <(B)
	BCR	(A) < (B)	(A) < (B)	(A) < (B)
	ARR	(A) < (B)	(A) < (B)	(A) < (B)
	PBP	(A) < (B)	(A) < (B)	(A) < (B)
	IBCR	Não fazer nada melhor do que o desenvolvimento da Aquacultura		

Fonte: Compilado pelo estudante para este relatório

O quadro 4.11 acima mostra uma comparação da CBA de conversão e conservação. Pode-se ver que a restauração dos mangais é aparentemente um programa melhor em comparação com a conversão de mangais para a aquacultura. Isto é assim em doze ocasiões utilizadas para comparar os dois programas. Além disso, a conservação dos mangais é também superior no IBCR.

(b) Resultados do modelo de regressão Tobit mostrando factores socioeconómicos que afectam a vontade individual de participar num programa de restauração de mangais dos membros das comunidades da Lagoa De Gi

Embora o ETA, foi calculado utilizando perguntas agrupadas de escolha múltipla e calculado com base na Média Aritmética, foi realizado um modelo Tobit com

"Sim/Não" como variável dependente para examinar a vontade do indivíduo de participar num programa de restauração (ver tabela 4.12).

Tabela 4.12: Resultados do modelo de regressão Tobit executado utilizando o software Gretl

Modelo 1: Tobit, usando observações: n =150 (Sim =118 respostas, Não =32 respostas)

Variável dependente: Sim/Não

Erros padrão baseados em Hessian

	Coeficiente	*Erro Std.*	*Z*	*p-valor*	
Constante	0.312718	0.246950	1.266	0.2054	
Género (X1)	0.224027	0.0993595	2.255	0.0242	**
Idade (X2)	0.0651361	0.0765219	0.8512	0.3947	
NoofDependentes (X3)	−0.0180609	0.0323008	−0.5591	0.5761	
Rendimento anual (X4)	0.0825749	0.0401192	2.058	0.0396	**
SuppBiodo (X5)	−0.0161608	0.0625302	−0.2584	0.7961	
RestBene (X6)	−0.0264638	0.0542500	−0.4878	0.6257	

Qui-quadrado (6)	11.30246	p-valor	0.079466
Probabilidade de registo	−122.3393	Critério Akaike	260.6786
Critério Schwarz	284.7637	Hannan-Quinn	270.4636

sigma = 0,492829 (0,0346414), Observações censuradas à esquerda: 32, Observações censuradas à direita: 0, Teste de normalidade do residual - Hipótese nula: o erro é normalmente distribuído

Estatística de teste: Qui-quadrado (2) = 147.359, com valor de p = 1.00348e-032

Fonte: Compilado pelo aluno para este relatório utilizando o software de análise estatística Gretl

O objectivo do modelo Tobit era examinar o impacto de factores socioeconómicos como o sexo, idade, educação, número de pessoas no agregado familiar, número de dependentes, apoio à biodiversificação, benefícios da restauração, e rendimento anual, na vontade dos aquicultores individuais de participar num programa de conservação (restauração) de mangais; isto é, o impacto na resposta "sim" à vontade de participar.

Chi (2) = 147,359 é a probabilidade de um teste de razão de probabilidade ser estatisticamente extremo ou mais extremo do que o observado. Sigma = 0,492829 é o desvio padrão estimado da regressão. E como um modelo Tobit censura as observações, 32 observações foram censuradas à direita. Akaike Information Criterion (AIC) = 260,6786 é uma forma refinada de estimar a probabilidade de um modelo prever/estimar valores futuros de forma eficiente. O critério Schwarz = 284,76379 e o critério Hannan-

Quinn = 270,4636. Todas estas medidas indicam a eficiência de um modelo. Valores mais baixos são desejáveis e estes podem ser obtidos através da variação do número de regressores. O quadro 4.18 mostra que o rendimento anual e o género são estatisticamente significativos a partir dos resultados do modelo Tobit, contribuindo 0,22407 e 0,0825749 respectivamente.

O teste estatístico que podemos realizar é:

H0 : Os coeficientes (os factores) são simultaneamente iguais a zero

H1 : Pelo menos um dos coeficientes não é igual a zero

Rejeitamos H0 , e aceitamos H1, pelo menos um dos coeficientes não é um zero. Isto é assim desde Chi-quadrado (teste) > Chi-quadrado crítico.

4.6 Resultados de meta-análises, síntese de resultados de pesquisas passadas e citações

Para validar os resultados obtidos na ACB, foi feita uma pesquisa de alguns dos documentos relevantes, literatura e actas de conferências sobre os custos e benefícios dos ecossistemas de mangais. O objectivo era incluir meta-análises não-regressivas, citações e estudos de apoio à contribuição dos mangais para as produtividades da maioria das pescarias em torno da palavra.

(a) Meta-análise sem regressões

O Apêndice 7 e o Apêndice 8 e o Quadro 4.19, abaixo, mostram um resumo de alguns dos estudos revistos com o objectivo de reforçar o argumento da conservação dos mangais.

De acordo com Sathirathai & Barbier (2001), a vida produtiva típica de uma exploração de camarão é estimada em apenas cerca de cinco anos. Após esse período de tempo, o rendimento diminui drasticamente causando muitos problemas de produção aos agricultores. As doenças também aumentam e o agricultor é forçado a abandonar o tanque e normalmente procura outro local e destrói os mangais e qualquer cobertura florestal que se encontre no novo local. Durante o tempo de produção os ganhos a curto prazo variam entre 7.707 a 8.336 dólares americanos por hectare. Mas isto é apenas por um período de tempo muito curto, após o qual os ganhos caem para valores tão baixos como US$100,00 por ha (Sathirathai & Barbier, 2001).

A tabela abaixo mostra enormes ganhos de mangais por períodos de tempo superiores a 50 anos. A partir daqui, parece que a conservação dos mangais tem mais benefícios do que o desenvolvimento da aquacultura, tanto a curto como a longo prazo, devido aos ganhos económicos superiores, medidos em termos monetários. Foi também observado a partir da meta-análise de não regressão que os valores variavam entre um mínimo de

US$289,00 a um valor elevado de US$32.437,00 como máximo (compara bem com os valores acima indicados do estudo de Sathirathai & Barbier). O mínimo aqui é de US$289,00 enquanto o mínimo sob conversão de mangais é de US$100,00.

Quadro 4.13 Resumo da meta-análise sem regressão dos programas de restauração

	Autor	Objectivo	Valor máximo por ha por ano	Valor mínimo por ha por ano
1	(Rönnback, 1999)	Estimar o valor de mercado da pesca de captura apoiada por ecossistemas de mangais	US$ 16,750	US$ 750
2	(Sathirathai & Barbier, 2001)	Avaliar os benefícios dos manguezais em comparação com a conversão em aquacultura	US$32,437	Não indicado
3	(Jaworska, 2010)	Contribuir com provas de apoio à protecção e reabilitação dos mangais	US$ 11,282	US$ 775
4	(Vo, Kuenzer, Vo, Moder, & Oppelt, 2012)		US$230	US$100
5	(Alongi, 2002)	Avaliar as tendências e características salientes da resposta dos ecossistemas de mangais às tendências futuras	US$ 6793	Não indicado
6	(M. Brander et al., 2012)	Fornecer uma estimativa da alteração do valor do EGS	US$ 4,185	US$ 289

Fonte: Compilado pelo estudante para este estudo (2017)

(b) Contribuição de mangueiras para a produção pesqueira

Um estudo realizado por Anneboina et al (2017) mostra que os ecossistemas florestais de mangais apoiam a produção pesqueira em grande medida. E na maioria dos países onde a pesca de captura é praticada, os mangais apoiam a produção em grande medida (Anneboina & Kavi Kumar, 2017).Tabela 4.14, abaixo mostra um resumo comparativo do apoio à pesca de mangais em todo o mundo. A região ASEAN tem o valor mais baixo em proporção da prática da pesca apoiada pelos mangais, como na figura 4.14. Isto está bem de acordo com os estudos e literatura disponíveis que a ASEAN tem enfrentado um dos mais altos níveis de destruição de florestas de mangais.

Quadro 4.14: Contribuição dos manguezais para a pesca em diferentes locais do mundo

	País/Região	Contribuição dos manguezais para a pesca (%)	Gama
1	México	32	
2	Micronésia	90	
3	ASEAN	30	
4	Malásia	15	10 a 20
5	Fiji	56	
6	Australasia	67	
7	Estreito de Malaca	49	

Fonte: Adaptado de (Anneboina & Kavi Kumar, 2017) - modificado

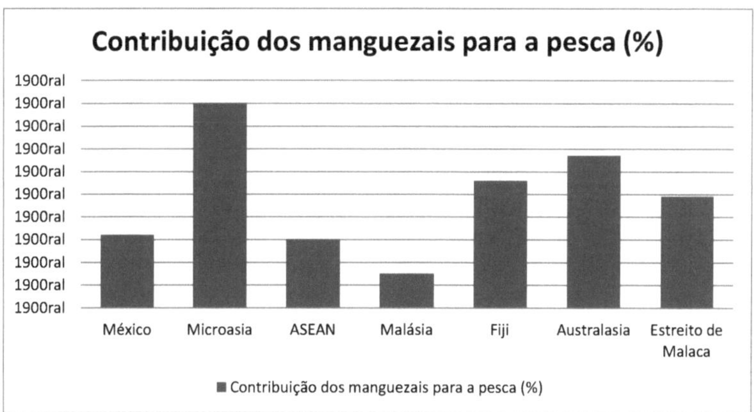

Figura 4.6: Contribuição dos manguezais para a pesca

Fonte: Compilado pelo estudante com base em informação de (Anneboina & Kavi Kumar, 2017)

As constatações aqui apresentadas estão em ressonância com a constatação citada na figura 2.2 que mostra o declínio das florestas de mangais nas Filipinas (1970-2000), bem como a figura 2.3 que mostra o declínio dos mangais no Vietname de 1943 a 2008 na região da ASEAN.

(d) Custos e benefícios da aquicultura e impactos das alterações climáticas a longo prazo (2010 – 2020)

O DERG da Dinamarca e o CIEM do Ministério do Planeamento e Investimento do Vietname fizeram um relatório em 2010. Neste relatório, mostram como os custos de produção de pangasius e camarão variariam nos próximos dez anos a partir do ano 2010. Analisaram como as alterações climáticas terão impacto na aquicultura a longo prazo e levarão os agricultores a abandonar as explorações para outros locais. Reportaram que os custos das operações aumentarão até 35% acima dos valores de base do orçamento da exploração. Escreveram que a duração das culturas aumentaria até 27%, a taxa de conversão alimentar (FCR) aumentaria 4%, os custos do dique aumentariam mais de 200% para Pangasius (DERG - CIEM, 2010). Por favor, ver o apêndice 9 para detalhes. O apêndice 9.2 mostra que seria o mesmo para os criadores de camarão embora com um impacto menos severo nos seus orçamentos operacionais. Estas descobertas parecem apoiar a conservação dos mangais para a protecção do clima e a redução de custos para maximizar os benefícios.

Outro estudo que concorda com estes resultados é um de Chauldhry e Ruysschaesrt (2008), que indicam que, devido à subida do nível do mar, a água salgada inundará os tanques, levando ao abandono das explorações aquícolas devido ao aumento dos custos, doenças que, por sua vez, levam à destruição dos mangais e à perda de habitat para algumas criaturas (Chaudhry & Ruysschaert, 2008)

4.7 Resultados de citações - fornecer provas em apoio à restauração de mangais

Em 2014, **Constanza et al (2014)** relataram que os ecossistemas de mangais forneceram à humanidade EGS avaliados em 194.000 dólares por ha por ano. Este valor está muito para além do que a aquicultura pode fornecer a longo prazo (Costanza et al., 2014).

Em 2010, **Hussain e Badola (2010),** publicaram um artigo no qual relataram descobertas de um estudo na Área de Conservação de Bhitarkanika, Costa Leste da Índia. Informaram que o número de espécies, bem como o rendimento da captura em áreas apoiadas por mangais era muito mais elevado em áreas com mangais (média de US$44,61 por ha) em comparação com os valores mais baixos de áreas sem mangais (média de US$2,62 por ha). Além disso, o valor aumentou o rendimento do agregado familiar se adicionassem o preço de mercado dos produtos florestais não-pescadores a US$107 por agregado familiar por ano (Hussain & Badola, 2010).

Além disso, a **Gammage (1996)** acrescentou outra prova de apoio à restauração de mangais no seu estudo sobre custos e benefícios da opção de conversão de mangais para a aquacultura e opção de restauração de mangais em El Salvador. Ela relatou que o VPL da estratégia de gestão sustentável (aquacultura com mangais) excede de longe as outras opções consideradas no seu estudo, nomeadamente, conversão parcial e conversão completa por um montante colossal de US$73, 120, 115 para o período de 56 anos do estudo (Gammage, 1996). Outro estudo realizado por **Jaworska (2010),** na sua tese sobre "Evaluating Benefits of Mangroves on Fish Pond Production and Protection in Ajuy, Panay Island in the Philippines" concluiu que os estimados 35% de mangais que restam em todas as Filipinas deveriam ser conservados para beneficiar tanto a futura economia como a ecologia das Filipinas (Jaworska, 2010). É de notar que todas estas citações estão a fornecer provas de conservação de mangais em oposição à conversão de mangais para práticas de aquacultura.

4.8 Resultados de dados de investigação - Sensibilização para as alterações climáticas e compreensão das implicações das boas práticas de mitigação nas comunidades em redor da Lagoa De Gi.

A consciência e compreensão das alterações climáticas pelos membros da comunidade na Lagoa De Gi foi bem investigada e os resultados da investigação e das discussões seguem abaixo. Os totais não somavam 150, devido a múltiplas respostas. E estes resultados parecem concordar bem com as informações do GSO (2018), ver Anexo 9 do presente relatório. Especialmente sobre a subida do nível do mar e a mudança de temperatura.

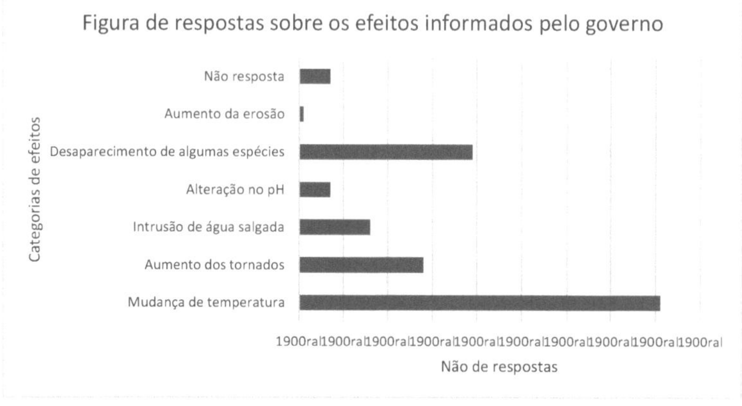

Figura 4.7 : Efeitos das respostas que foram informadas pelo governo (n =150)

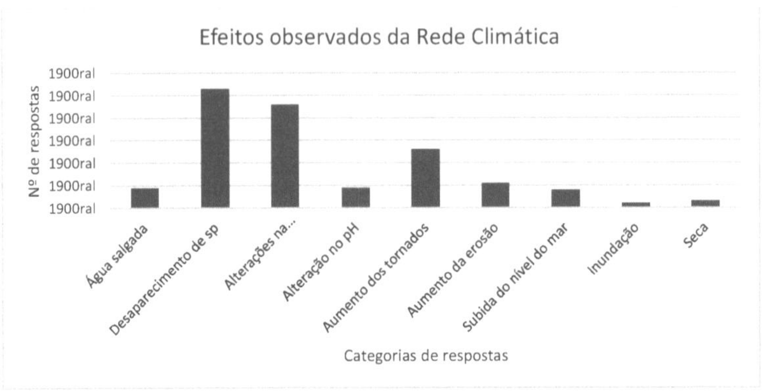

Figura 4.8: Efeitos que foram observados pelos membros da comunidade (n =150)

Ao avaliar a compreensão dos inquiridos quanto à utilidade do programa de restauração dos mangais como procedimento de mitigação das alterações climáticas, o estudante de investigação investigou algumas questões como, por exemplo, se os inquiridos ouviram falar das alterações climáticas e dos tipos de canais utilizados pelo governo para transmitir informações sobre as alterações climáticas e o tempo aos inquiridos. Os impactos das alterações climáticas que os membros da comunidade tinham observado também foram investigados (Figura 4.8 acima). A maioria expressou que tinha observado o desaparecimento de espécies e o aumento da temperatura. Enquanto que números mais pequenos expressaram ter observado os outros impactos das alterações climáticas como mudanças no pH, aumento dos tornados, subida do nível do mar, intrusão de água salgada, inundações e secas. A informação sobre estas alterações é obtida a partir dos meios de comunicação social. Quase todos os inquiridos, 95%, indicaram que tinham ouvido falar das alterações climáticas e obtêm informação através da televisão, rádio, conferência, jornais ou reuniões. Além disso, os resultados indicam que 82% dos membros da comunidade estavam prontos a apoiar a restauração dos mangais, enquanto apenas 17% indicaram que não tinham a certeza se iriam apoiar o programa. Quanto à questão de dar apoio ao governo, 62% responderam com um "Sim" (ver Apêndice 2.3 e 2.4 do presente relatório). Estes resultados indicaram, portanto, aparentemente que os inquiridos tinham alguma compreensão da mudança climática e estavam aparentemente conscientes dos impactos indicados pelas figuras 4.7 e 4.8 acima.

CAPÍTULO 5: CONCLUSÕES E RECOMENDAÇÕES

5.1 Conclusões

Com base nos resultados da investigação, o estudante pôde tirar algumas conclusões sobre este estudo. As conclusões são apresentadas nos parágrafos seguintes.

Os custos e benefícios do desenvolvimento da aquacultura foram determinados e o CBA foi realizado e os resultados baseados no VNP, o BCR, o ARR, o PBP, e o IBCR são os indicados na tabela 4.17. Os resultados mostram que a conversão e destruição dos mangais para o desenvolvimento da aquacultura é aparentemente inferior à restauração dos mangais.

Os custos e benefícios do programa de restauração de mangais foram determinados com base em dados de investigação para este relatório, citações e dados meta-analisados de outros estudos. o VNP, o BCR, o ARR, o PBP, e o IBCR são os indicados na tabela 4.11. O programa de restauração de mangais provou aparentemente ser um caminho melhor, uma vez que tem valores superiores das medidas de CBA. Além disso, com base em citações e meta-análises, os benefícios das florestas de mangais foram determinados na ordem dos US$289,00 a US$32.437,00 por ha por ano (ver quadro 4,13).

O melhor caminho para o governo e as comunidades da Lagoa De Gi utilizarem os bens e serviços dos ecossistemas foi determinado com base em três categorias de factores: primeiro, a ACB foi realizada para a aquacultura sem mangais, um cenário em que todas as florestas de mangais são convertidas e destruídas e um cenário em que os mangais apoiados pela pesca e a aquacultura, ou seja, os mangais são submetidos a conservação e replantação foram analisados e comparados. O CBR, o NPV, o ARR, o PBP e o IBCR, bem como a análise de sensibilidade da restauração dos mangais, parecem ter valores CBA muito superiores aos da aquacultura com conversão e destruição dos mangais. Em segundo lugar, com base na literatura relevante que apoia o facto de a aquacultura/pesca apoiada por mangais ser altamente produtiva e rentável em termos de número de espécies e retorno financeiro, concluiu-se que a restauração de mangais parecia ser um programa melhor do que a aquacultura sem mangais. Em terceiro lugar, com base em citações e documentos de investigação relevantes, descobriu-se que nas regiões do mundo onde se pratica a aquacultura/pesca apoiada pelos mangais, a produção baseada nos mangais é capaz de suportar uma grande proporção da produção (ver quadro 4.14), enquanto que os países com conversão e destruição maciça de mangais têm baixas proporções apoiadas e baixa produção. Mais uma vez com base nisto, o programa de restauração e conservação dos mangais parece ter um melhor caminho do que a aquacultura com conversão e destruição dos mangais devido aos seus maiores valores de todas as análises CBA realizadas (ver quadro 4.11).A conclusão é que as comunidades em torno da Lagoa De Gi estarão melhor a conservar os mangais do que a converter e destruir os mangais. Conclui-se que os membros da comunidade também estão dispostos a fazer parte do programa de restauração dos mangais para fins de mitigação das alterações climáticas a partir dos resultados apresentados nos apêndices 3, 4, 5 e 6.

Os resultados do modelo Tobit indicam que o género e o rendimento anual são os factores mais importantes que são estatisticamente significativos também na vontade do indivíduo de participar num programa de restauração. Além disso, conclui-se que pelo menos um dos coeficientes dos factores que afectam a decisão do indivíduo de participar num programa de restauração de mangais não é zero.

5.2 Recomendações

Após a conclusão do estudo, apresentam-se a seguir as recomendações feitas com base nas conclusões deste estudo:

Primeiro, o governo deveria trabalhar com líderes comunitários e membros da comunidade em redor da Lagoa De Gi para melhorar a consciência dos locais sobre o grande potencial de desenvolvimento das zonas húmidas de mangais da Lagoa De Gi.

Em segundo lugar, o governo deveria elaborar programas de disseminação de informação para sensibilizar os membros da comunidade das comunidades em torno da Lagoa De Gi sobre o potencial dos mangais como ecossistemas de mitigação do impacto das alterações climáticas naturais.

Terceiro, o governo deve trabalhar com membros da comunidade para os encorajar a manter registos das capturas da pesca e registos das colheitas de mangais apoiados pela aquicultura, bem como registos dos parâmetros climáticos e bioquímicos da água da lagoa como a salinidade, pH, temperatura superficial. Os membros da comunidade podem receber uma quantia simbólica em acréscimo à taxa de manutenção dos mangais.

Em quarto lugar, o governo deveria trabalhar com os membros da comunidade para continuar com a reabilitação dos mangais, uma vez que os 54 ha sugeridos são apenas uma proposta inicial que deveria ser aumentada para cobrir toda a lagoa.

Em quinto lugar, o governo deveria trabalhar com membros da comunidade para introduzir a gestão de ecossistemas baseada na comunidade (CBM) para assegurar que os mangais não sejam degradados ainda mais.

Sexto, o governo que trabalha com membros da comunidade deveria introduzir programas de conservação da biodiversidade em torno dos ecossistemas da Lagoa De Gi para monitorizar o número de espécies, as perdas das espécies e as potenciais fontes de ameaças para as espécies.

Sétimo, os agricultores e pescadores devem ser sensibilizados para os perigos do uso excessivo de produtos químicos nos tanques de aquacultura que levam à poluição química e subsequente abandono dos tanques para outros locais que tendem a aumentar a taxa de degradação dos mangais. Se os agricultores estiverem estacionados num local e ensinarem como controlar as doenças e a poluição, a prática destrutiva do corte e da exploração chegaria ao fim.

5.3 Futuro do trabalho de investigação na restauração dos mangais da lagoa De Gi como estratégia de mitigação das alterações climáticas

A lagoa De Gi tem muito potencial para futuros trabalhos de investigação. Além disso, é necessário trabalho na ACB de restauração de mangais. A análise utilizada assumiu valores para a mão-de-obra no desenvolvimento da aquacultura, contudo, a análise teria sido muito melhor se a taxa de mão-de-obra tivesse sido utilizada para determinar a análise de sensibilidade e o índice do custo de vida tivesse sido utilizado para determinar os custos associados ao desenvolvimento da aquacultura com a conversão e destruição dos mangais.

REFERÊNCIAS

Animais de A-Z. (2018). Animais de A-Z. Recuperado a 11 de Abril de 2018, de https://a-z-animals.com/search/

Abdullah, K., Said, A. M., & Omar, D. (2014). Conservação Baseada na Comunidade na Gestão da Reabilitação de Mangues em Perak e Selangor. *Procedia -Social and Behavioral Sciences*, *153*, 121-131. https://doi.org/10.1016/j.sbspro.2014.10.047

Alan. (2006). Cálculo do Valor Actual Líquido, Período de Retorno, e Retorno do Investimento - Anexo Suplementar Online. Obtido em http://web.ydu.edu.tw/~alan9956/docu1/sa/appendix_C.pdf

Alongi, D. M. (2002). Estado actual e futuro das florestas de mangais do mundo. *Environmental Conservation*, *29*(3), 331-349. https://doi.org/10.1017/S0376892902000231

Museu Americano de História Natural. (1999). O que é um Mangue? E como é que funciona? Recuperado a 25 de Julho de 2017, de http://www.amnh.org/explore/science-bulletins/bio/documentaries/mangroves-the-roots-of-the-sea/what-s-a-mangrove-and-how-does-it-work/

Anneboina, L. R., & Kavi Kumar, K. S. (2017). Análise económica das ligações de mangais e pesca marinha na Índia. *Ecosystem Services*, *24*, 114-123. https://doi.org/10.1016/j.ecoser.2017.02.004

Aparicio, A. (2018). Como calcular o Período de Retorno: Método & Fórmula. Recuperado a 15 de Abril de 2018, a partir de https://study.com/academy/lesson/how-to-calculate-payback-period-method-formula.html

Atkinson, S. C., Júpiter, S. D., Adams, V. M., Ingram, J. C., Narayan, S., Klein, C. J., & Possingham, H. P. (2016). Prioritizing Mangrove Ecosystem Services Results in Spatially Variable Management Priorities, 1-21. https://doi.org/10.1371/journal.pone.0151992

Buckingham, K., & Hanson, C. (2015). O Diagnóstico da Restauração. *World Resources Institute*, pp. 1-10.

Burmeister, E., & Aitken, L. M. R. N. (2012). Tamanho da amostra: Quantos são suficientes? https://doi.org/10.1016/j.aucc.2012.07.002

Chaudhry, P., & Ruysschaert, G. (2008). Alterações Climáticas e Desenvolvimento

Humano no Vietname.

Cohen, D., & Crabtree, B. (2009). RWJF - Qualitative Research Guidelines Project: Triangulação. Recuperado a 20 de Agosto de 2017, a partir de http://www.qualres.org/HomeTria-3692.html

Costanza, R., De Groot, R., Sutton, P., Van Der Ploeg, S., Anderson, S. J., Kubiszewski, I., ... Turner, R. K. (2014). Mudanças no valor global dos serviços ecossistémicos. https://doi.org/10.1016/j.gloenvcha.2014.04.002

Cowles, E. R. (2015). Utilização da Estrutura de Sistemas Sócio-Ecológicos para Avaliar Infra-estruturas Verdes: Estudos de casos de gestão costeira do Vietname e Bangladesh. Obtido em https://conservancy.umn.edu/bitstream/handle/11299/172525/Cowles_GreenDevelopment-International.pdf?sequence=1

DERG - CIEM. (2010). **O Sector das Pescas em Vietnam : A Stategic Economic** Analysis, (Dezembro), 138.

DESA-SD, U. (2017). *World Statistics Pocketbook.* https://doi.org/http://data.un.org/CountryProfile.aspx?crName=United%20Republic%20of%20Tanzania

UE. (2009). Bens e Serviços do Ecossistema. Obtido em http://ec.europa.eu/environment/nature/info/pubs/docs/ecosystem.pdf

FAO. (2007). Os *manguezais do mundo 1980-2005*. Roma. Obtido a partir de http://www.fao.org/docrep/010/a1427e/a1427e00.htm

Campo, C. D. (1990). Reabilitação de Ecossistemas de Manguezais: Uma Visão Geral. *Bala de Poluição Marinha*, *37*(8-12), 382-392. Obtido em http://www.globalrestorationnetwork.org/uploads/files/LiteratureAttachments/242_rehabilitation-of-mangrove-ecosystems---an-overview.pdf

Gale, T. (2008). International Encyclopedia of the Social Science - Tobit facts. Recuperado em 21 de Abril de 2018, a partir de https://www.encyclopedia.com/philosophy-and-religion/bible/bible-apocrypha/tobit

Gammage, S. (1996). Custo demasiado elevado, (Julho).

Giensen, W., Wulffraat, S., Zieren, M., & Scholten, L. (2006). *Guia de Manguezal para o Sudeste Asiático. Guia de Manguezal para o Sudeste Asiático.*

https://doi.org/10.1086/346169

Global Mangrove Alliance. (2016). Manguezais. Recuperado a 19 de Abril de 2018, de http://www.mangrovealliance.org/benefits-threats/

Goyal, B. (2012). Tomada de Decisão em Finanças: Capital Budgeting (pp. 312-383). Obtido em http://nsdl.niscair.res.in/jspui/bitstream/123456789/1049/1/Chapter 10.pdf

Coordenadas de GPS. (2018). Coordenadas GPS - Coordenadas do Vietname. Recuperado a 10 de Abril de 2018, de https://gps-coordinates.org/vietnam-latitude.php

GSO. (2016). Dados Estatísticos. Recuperado a 24 de Fevereiro de 2018, de https://www.gso.gov.vn/Default_en.aspx?tabid=766

Halkos, G., & Galani, G. (2012). A utilização da avaliação contingente na avaliação da qualidade da água dos ecossistemas marinhos e costeiros: Uma revisão. https://doi.org/10.1016/j.ecolecon.2012.07.015

Hong, P. N., & Dao, Q. T. Q. (2005). Manguezais no Vietname. Obtido em http://library.enaca.org/mangrove/inception/vietnam-overview2.pdf

Hussain, S. A., & Badola, R. (2010). Valorização dos benefícios dos manguezais: Contribuição das florestas de mangais para a subsistência local na Área de Conservação de Bhitarkanika, Costa Leste da Índia. *Ecologia e gestão das zonas húmidas*, *18*(3), 321-331. https://doi.org/10.1007/s11273-009-9173-3

Associação Insights. (2018). Inquérito de Opinião de Peritos. Obtido em 27 de Fevereiro de 2018, a partir de https://www.insightsassociation.org/issues-policies/glossary/expert-opinion-survey

UICN. (2015). Biodiversidade: Os custos da inacção | UICN. Recuperado a 11 de Janeiro de 2018, a partir de https://www.iucn.org/content/biodiversity-costs-inaction

UICN. (2017). Mangues e pântanos chave na batalha das alterações climáticas. https://doi.org/10.1002/fee.1451

Jaworska, N. (2010). Evaluating Benefits of Mangroves on Fish Pond Production and Protection in Ajuy , Panay Island , the Philippines. *Word Journal Of The International Linguistic Association*, (Setembro), 1-93.

Key, J. P. (1997). Research Design in Occupational Education. Recuperado em 27 de

Fevereiro de 2018, de https://www.okstate.edu/ag/agedcm4h/academic/aged5980a/5980/newpage16.htm

Kogo, K. (1997). Restauração de mangues no Vietname através do apoio às actividades dos aldeões: Um ensaio para fazer um modelo de restauração a nível global, *6*(3), 32. Obtido em https://www.jstage.jst.go.jp/article/tropics/6/3/6_3_247/_pdf

Kulkarni, P. (2013). O que é a triangulação de dados na investigação qualitativa? Recuperado a 20 de Agosto de 2017, de https://www.researchgate.net/post/What_is_triangulation_of_data_in_qualitative_research_Is_it_a_method_of_validating_the_information_collected_through_various_methods

M. Brander, L., J. Wagtendonk, A., S. Hussain, S., McVittie, A., Verburg, P. H., de Groot, R. S., & van der Ploeg, S. (2012). Valores de serviço do ecossistema para mangais no Sudeste Asiático: Uma meta-análise e aplicação de transferência de valores. *Ecosystem Services*, *1*(1), 62-69. https://doi.org/10.1016/j.ecoser.2012.06.003

McBride, C. (2010). Como calcular a taxa média de retorno | Sapling.com. Recuperado a 14 de Abril de 2018, de https://www.sapling.com/6508616/calculate-average-rate-return

MEA. (2003). Ecossistemas e Bem-estar Humano: Um Quadro para a Avaliação. Obtido em https://yosemite.epa.gov/SAB/sabcvpess.nsf/e1853c0b6014d36585256dbf005c5b71/8f5869f2c957655d85256f1200524ffc/$FILE/MA_CF_chap2_p4c_final.pdf

MFF Vietname. (2011). Mangues para a Futura Fase II Estratégia Nacional e Plano de Acção do Vietname (2011-2013), 27.

MFF Vietname. (2015). Mangues para a Futura Fase III - Plano de Acção Estratégico Nacional (2015-2018), 44pp.

MONRE. Decisão nº 04/2004 aprovação do plano de acção nacional para a conservação e desenvolvimento sustentável das zonas húmidas no período de 2004-2020. Ministério dos Recursos Naturais e do Ambiente (2004).

O meu Curso de Contabilidade. (2018). O que é o Fluxo de Caixa Descontado (DCF)? Recuperado a 14 de Abril de 2018, de https://www.myaccountingcourse.com/accounting-dictionary/discounted-cash-flow

Mysels, K. J. (1949). NAPALM - Misture of Aluminium Disoaps. *ACS Publications - Química Industrial e de Engenharia*. Obtido em https://pubs.acs.org/doi/pdf/10.1021/ie50475a033

Ngai, P. D., Tuan, V. S., Long, N. Van, Tuyen, H. T., & Hong, P. T. K. (2015). Characterization of Benthic Animal Resources At the De Gi Lagoon, Binh Dinh Province. *Tạp Chí Khoa Học và Công Nghệ* Biển, *15*(4), 382-391. https://doi.org/10.15625/1859-3097/15/4/6461

Nguyen, K. A. T., Jolly, C. M., Bui, C. N. P. T., & Le, T. T. H. (2016). Aquacultura e redução da pobreza na Província de Ben Tre, Vietname. *Aquaculture Economics and Management*, *20*(1), 82-108. https://doi.org/10.1080/13657305.2016.1124938

Nguyen, K. A. T., Jolly, C. M., & Nguelifack, B. M. (2018). Biodiversidade, Protecção Costeira e Dotamento de Recursos: Opções políticas para melhorar a saúde dos oceanos. *Journal of Policy Modeling*. https://doi.org/10.1016/j.jpolmod.2018.02.002

Nguyen, N. H. (2015). Análise custo-benefício do clima Adaptation : A Case Study of Mangrove Conservation and Reforestation in Ca Mau Province , Vietnam, *11*(2), 19-43. https://doi.org/10.14456/jms.2015.11

Org, W., Buckingham, K., & Hanson, C. (2015). Estudo de caso: Restoration of Mangrove Forests in Vietnam - The Restoration Diagnostic Case Example: Restauração das Florestas de Manguezal no Vietname. Obtido em https://www.wri.org/sites/default/files/WRI_Restoration_Diagnostic_Case_Example_Vietnam.pdf

Organização Pan-Americana de Saúde. (2018). Metodologia da análise custo-benefício. Obtido a partir de https://www.paho.org/disasters/index.php?option=com_content&view=article&id=1742:smart-hospitals-toolkit&Itemid=1248&lang=en

Pannel, D. J. (1997). Análise de sensibilidade: estratégias, métodos, conceitos, exemplos. *Economia Agrícola*, *16*, 139-152. Obtido em http://dpannell.fnas.uwa.edu.au/dpap971f.htm

Powell, N., & Osbeck, M. (n.d.). *Mangrove Restoration and Rehabilitation for*

Climate Change Adaptation in Vietnam World Resources Report Case Study (Estudo de Caso: Restauração e Reabilitação de Manguezais para Adaptação às Alterações Climáticas no Vietname). Washington DC. Obtido a partir de http://www.worldresourcesreport.org/

ProEcoServ. (2015). Gestão de Ecossistemas-Vietname. Recuperado a 14 de Janeiro de 2018, de http://web.unep.org/ecosystems/what-we-do/economics-ecosystems/proecoserv/countries/vietnam#

Quintus, H. L. Von, Mallela, J., Bonaquist, R., Schwartz, C. W., & Carvalho, R. L. (2012). *Calibração de modelos de corte para desenho estrutural e mistura*. Washington, D.C.: Transportation Research Board. https://doi.org/10.17226/22781

Portal de Investigação. (2016). Alguém sabe como calcular o meio de vontade de... Recuperado a 16 de Abril de 2018, de https://www.researchgate.net/post/Do_anyone_know_how_to_calculate_the_mean_of_willingness_to_pay_from_ranking

Metodologia de Investigação. (2017). Grupos de foco. Recuperado a 27 de Fevereiro de 2018, de https://research-methodology.net/?s=focus+group+discussion&submit=Search

Metodologia de Investigação.net. (2016). Amostragem propositada. Recuperado a 29 de Julho de 2017, a partir de http://research-methodology.net/sampling-in-primary-data-collection/purposive-sampling/

Richards, D. R., & Friess, D. A. (2016a). Taxas e factores de desflorestação de mangais no Sudeste Asiático, 2000-2012. *Actas da Academia Nacional das Ciências dos Estados Unidos da América*, *113*(2), 344-9. https://doi.org/10.1073/pnas.1510272113

Richards, D. R., & Friess, D. A. (2016b). Taxas e factores de desflorestação de mangais no Sudeste Asiático, 2000-2012. *Actas da Academia Nacional das Ciências*, *113*(2), 344-349. https://doi.org/10.1073/pnas.1510272113

Rönnback, P. (1999). A base ecológica do valor económico da produção de frutos do mar apoiada por ecossistemas de mangais. *Ecological Economics*, *29*, 235-252. Obtido em http://esanalysis.colmex.mx/Sorted Papers/1999/1999 SWE -Biodiv Econ.pdf

Rothgeb, J. M., Willis, G., & Forsyth, B. (2007). Método de pré-teste do questionário. *Http://journals.openition.org/bms*, (96), 5-31. Obtido em http://journals.openedition.org/bms/348

Roy, R. L., & Ben, B. (2014). *Reabilitação Ecológica de Mangues: Um Manual de Campo para Praticantes*. Obtido em http://www.mangroverestoration.com/pdfs/Final PDF - Whole EMR Manual.pdf

Saad, S., Ahmad, Z., Yunus, K., & Chowdhury, A. J. K. (2009). Impact of coastal development on mangrove distribution in Kuantan , Pahang, (Janeiro). Obtido a partir de https://www.researchgate.net/publication/255993961

Sathirathai, S., & Barbier, E. B. (2001). Valuing Mangrove Conservation in Southern Thailand. *Contemporary Economic Policy*, *19*(2), 1074-3529. Obtido em http://mangroveactionproject.org/wp-content/uploads/2013/10/Valuing-Mangrove-Conservation-in-Southern-Thailand.pdf

Smajgl, A. (2015). *Estimativa do Valor do Ecossistema.*

Spalding, M. D., Blasco, E., & Field, C. D. (1997). *Atlas do Manguezal Mundial. The International Society for Mangrove Ecosystems*. Okinawa, Japão. https://doi.org/10.1017/S0266467498300528

Tinh, B. D., Toan, N. Van, & Tuan, T. H. (2008). Restauração de mangueiras ou **aquacultura development : Cost and Benefit Analysis in Thi Nai Lagoon ,** província de Binh Dinh, *2013*(JUNE), 1-23. https://doi.org/10.13140/2.1.5081.9365

Tinh, B. D., Toan, N. Van, & Tuan, T. H. (2013). Restauração de mangueiras ou desenvolvimento de aquacultura: Análise de custos e benefícios na lagoa Thi Nai, província de Binh Dinh. Em *ResearchGate*. https://doi.org/10.13140/2.1.5081.9365

Eonómica Comercial. (2018). Taxa de juro do Vietname. Recuperado a 3 de Fevereiro de 2018, a partir de https://tradingeconomics.com/vietnam/interest-rate

Tri, N. H., Nhuong, D. Van, Manh, N. T., Tuan, L. X., Anh, P. H., Tho, N. H., ... Tuan, L. D. (2000). *Final Report Valuation of the Mangrove Ecosystem in Can Gio Mangrove Biosphere Reserve, Vietnam*. Obtido a partir de http://cmsdata.iucn.org/downloads/04_can_gio_mangrove_valuation.pdf

Tuyen, N. P., & Tyler, S. (2017). *Restauração de manguezais degradados no Médio*

Oriente do Vietname: Uma comparação entre aldeias.

Ambiente da ONU, W. (2014). Manguezal. *Biodiversidade A-Z.* Obtido a partir de http://biodiversitya-z.org/content/mangrove--2.pdf

Vegh, T., Jungwiwattanaporn, M., Pendleton, L., & Murray, B. (2014). Avaliação de Serviços de Ecossistema de Manguezais: State of the Literature, (Julho), 15. https://doi.org/NI WP 14-06

Veliu, A., Gessese, N., Ragasa, C., & Okali, C. (2009). Gender Analysis of Aquaculture Value Chain in Northeast Vietnam and Nigeria., 158.

Agência de Protecção Ambiental do Vietname. (2005). Overview of Wetlands Status in Vietnam Após 15 anos de implementação da Convenção de Ramsar, 72. Obtido em https://portals.iucn.org/library/sites/library/files/documents/2005-105.pdf

Vietnamnet. (2016). Os esforços de erradicação do analfabetismo vietnamita concretizam-se. Recuperado a 14 de Fevereiro de 2018, a partir de http://english.vietnamnet.vn/fms/education/163416/vietnam-s-illiteracy-eradication-efforts-come-to-fruition.html

Vietnamonline. (2015). Binh Dinh, Vietname. Recuperado a 26 de Abril de 2018, a partir de https://www.vietnamonline.com/destination/binh-dinh.html

VIETRADE. (2011). Recursos naturais e potencial de desenvolvimento da Província de Binh Dinh. Recuperado a 18 de Novembro de 2017, de http://en.vietrade.gov.vn/index.php?option=com_content&view=article&id=2096:natural-resources-and-development-potential-of-binh-dinh-province&catid=333:central-key-economic-region&Itemid=212

Vo, Q. T., Kuenzer, C., Vo, Q. M., Moder, F., & Oppelt, N. (2012). Revisão dos métodos de avaliação dos serviços ecossistémicos dos mangais. *Indicadores Ecológicos, 23*, 431-446. https://doi.org/10.1016/j.ecolind.2012.04.022

Wikipédia. (2018). Multimethodologia. Na *Wikipédia a enciclopédia livre.* Obtido em https://en.wikipedia.org/wiki/Multimethodology

WWF, IUCN, & BMZ. (2017). Mangues - Um Ecossistema Costeiro de Salvamento de Vida: Aumento da protecção e restauração para alcançar os SDGs. Recuperado de https://www.bmz.de/de/zentrales_downloadarchiv/themen_und_schwerpunkte/biodiversitaet/Infosheet_BMZ-WWF-Mangroves.pdf

Xu, X., Kouhpanejade, A., & Šarić, Õ. (2013). Análise de Factores Influenciadores Identificação de Taxas de Crash Utilizando Modelo Tobit com Variável Endógena. *PROMET - Traffic&Transportation, 25*(3), 217-224. Obtido em http://www.fpz.unizg.hr/traffic/index.php/PROMTT/article/view/291/1062

APÊNDICES

Anexo 1 : Plano de implementação revisto e orçamento estimado.

Ano	2017/2018													
Mês	Abril	Maio	Junho	Julho	Agosto	Set	Outubr	Nov	Dez	Janeiro	Fev	Março	Abril	Maio
Proposta escrita	X	X												
Apresentar o primeiro rascunho		X												
Envio da cópia final		X												
Defesa da Proposta			X											
Proposta de reescrita				X	X									
Trabalhar na logística						X	X							
Recolha de dados								X	X					
Escrever Capítulo 1, 2, 3									X	X				
Escrever os capítulos 4 e 5									X	X	X			
Apresentação de rascunho de tese											X			
Corrigir e submeter o projecto final para comentários											X	X	X	
Apresentação da tese final														X

Apêndice 2: Cálculo e alguns resultados estatísticos importantes,

Apêndice 2.1: Tabela que mostra o cálculo da vontade de pagar.

LL	UL	MV	F	(MV)X F
1	50	25.5	44	1122
50	100	75	24	1800
100	150	125	14	1750
150	200	175	26	4550
200	250	225	2	450
250	300	275	5	1375
300	350	325	0	0
350	400	375	0	0
400	450	425	3	1225
450	500	475	0	0
500	550	525	0	0
			118	12322
			WTP	104

Fonte: Compilado para este relatório pelo estudante

Siglas: LL = limite inferior, UL = limite superior, MV = Valor médio, F = Frequência, WTP = Disposição para pagar

Apêndice 2.2 Expressão da vontade de pagar

ETA para restauração de manguezais	Número de inquiridos	%
Sim	118	81%
Não	27	19%
Total	145	100%

Apêndice 2.3 Respostas sobre o apoio comunitário à restauração de mangais

Apoio à restauração de mangais		
Sim	123	82%
Não	2	1%
Não tenho a certeza	25	17%

Apêndice 2.4 Respostas sobre o apoio da comunidade ao governo

Governo de apoio		
Sim	93	62%
Não	0	0%
Não Tenho a certeza	50	33%
Não resposta	7	5%

Apêndice 2.5 Cálculo do Número de Domicílios na Lagoa De Gi e População por comuna ajustada à população de 2017, utilizando uma taxa de crescimento de 1%.

Comuna	População	Ano	Período	Taxa=1%
O meu Chanh	14,428	1999	18	17,273
O meu gato	7,013	2002	15	8,148
O meu Thanh	9,473	1999	18	11,341
Cat Khanh	13,661	2015	2	13,937
Gato Minh	15,145	2015	2	15,451
Total	59,720			66,150
			Não/Households	13,230

Apêndice 3 : Análise custo-benefício do desenvolvimento da aquacultura

		TC	TB	DF	PV da tuberculose	PV de custo	NPV
Não.	Ano	(VND 1000)	(VND 1000)	11%	(VND 1000)	(VND 1000)	
1	2017	3353200	4173387	0.9009	3759808	3020901	738907
2	2018	3621456	4507258	0.8116	3658191	2939255	718936
3	2019	3621456	4507258	0.7312	3295668	2647978	647690
4	2020	3621456	4507258	0.6587	2969070	2385565	583505
5	2021	3621456	4507258	0.5935	2674838	2149158	525680
6	2022	3621456	4507258	0.5346	2409764	1936178	473586
7	2023	3621456	4507258	0.4817	2170959	1744305	426654
8	2024	3621456	4507258	0.4339	1955818	1571446	384373
9	2025	3621456	4507258	0.3909	1761999	1415717	346282
10	2026	3621456	4507258	0.3522	1587386	1275421	311965
11	2027	3621456	4507258	0.3173	1430078	1149028	281050
12	2028	3621456	4507258	0.2858	1288358	1035160	253198
13	2029	3621456	4507258	0.2575	1160683	932577	228106
14	2030	3621456	4507258	0.2320	1045660	840159	205501
15	2031	3621456	4507258	0.2090	942036	756900	185136
16	2032	3621456	4507258	0.1883	848681	681892	166789
17	2033	3621456	4507258	0.1696	764578	614317	150261
18	2034	3621456	4507258	0.1528	688809	553439	135370
19	2035	3621456	4507258	0.1377	620549	498594	121955
20	2036	3621456	4507258	0.1240	559053	449183	109869
					35591987	28597173	6994814
				NPV	6994814		
				BCR	1.2446		

Siglas: TC = custo total, TB = benefício total, DF = factor de desconto, PV = valor presente, VAL = valor presente líquido, BCR = rácio benefício - custo, TIR = taxa interna de retorno

Apêndice 4 : Análise de sensibilidade para o desenvolvimento da aquacultura

		TC (1)	TC(2)	TB	DF	PV da tuberculose	PV de custo	NPV	DF	PV da tuberculose	PV de custo	NPV
Não.	Ano	(VND 1000)	(VND 1000)	(VND 1000)	7%	VND 1000	(VND 1000)		14%	VND 1000	(VND 1000)	
1	2017	3523200	3,693,200	4507258	0.9346	4212390	3292711	919680	0.8772	3953735	3239649	714085
2	2018	3523200	3,693,200	4507258	0.8734	3936813	3077300	859514	0.7695	3468188	2841798	626391
3	2019	3523200	3,693,200	4507258	0.8163	3679265	2875981	803284	0.6750	3042270	2492805	549466
4	2020	3523200	3,693,200	4507258	0.7629	3438565	2687833	750733	0.5921	2668658	2186671	481987
5	2021	3523200	3,693,200	4507258	0.7130	3213612	2511993	701619	0.5194	2340928	1918132	422796
6	2022	3523200	3,693,200	4507258	0.6663	3003376	2347657	655719	0.4556	2053446	1682572	370874
7	2023	3523200	3,693,200	4507258	0.6227	2806894	2194072	612821	0.3996	1801268	1475941	325328
8	2024	3523200	3,693,200	4507258	0.5820	2623265	2050535	572730	0.3506	1580060	1294685	285375
9	2025	3523200	3,693,200	4507258	0.5439	2451649	1916388	535262	0.3075	1386018	1135688	250329
10	2026	3523200	3,693,200	4507258	0.5083	2291261	1791016	500245	0.2697	1215805	996218	219587
11	2027	3523200	3,693,200	4507258	0.4751	2141366	1673847	467519	0.2366	1066495	873875	192620
12	2028	3523200	3,693,200	4507258	0.4440	2001276	1564343	436933	0.2076	935522	766557	168965
13	2029	3523200	3,693,200	4507258	0.4150	1870352	1462003	408349	0.1821	820634	672419	148215
14	2030	3523200	3,693,200	4507258	0.3878	1747992	1366358	381634	0.1597	719854	589841	130013
15	2031	3523200	3,693,200	4507258	0.3624	1633638	1276970	356668	0.1401	631451	517404	114047
16	2032	3523200	3,693,200	4507258	0.3387	1526764	1193430	333334	0.1229	553904	453863	100041
17	2033	3523200	3,693,200	4507258	0.3166	1426882	1115355	311527	0.1078	485881	398126	87755
18	2034	3523200	3,693,200	4507258	0.2959	1333535	1042388	291147	0.0946	426211	349233	76978
19	2035	3523200	3,693,200	4507258	0.2765	1246294	974194	272100	0.0829	373870	306345	67525
20	2036	3523200	3,693,200	4507258	0.2584	1164761	910462	254299	0.0728	327956	268724	59232
						47749951	37324834	10425117		29852156	24460547	5391608
					NPV	10425117			NPV	5391608		
					BCR	1.279308			BCR	1.220421		

Apêndice 5: **Análise de** sensibilidade **do programa de restauração de manguezais**

		TC	TB	DF	PV da tuberculose	PV de custo	NPV	DF	PV da tuberculose	PV de custo	NPV
Não.	**Ano**	**(VND 1000)**	**(VND 1000)**	**7%**	**(VND 1000)**	**(VND 1000)**		**14%**	**(VND 1000)**	**(VND 1000)**	
1	2017	2,950,000	0	0.9346	0	2757009	-2757009	0.8772	0	2587719	-2587719
2	2018	2,950,000	702259	0.8734	613380	2576644	-1963264	0.7695	540365	2269929	-1729564
3	2019	2,950,000	1404517	0.8163	1146504	2408079	-1261574	0.6750	948009	1991166	-1043157
4	2020	200,000	2809034	0.7629	2142999	152579	1990420	0.5921	1663174	118416	1544758
5	2021	200,000	2809034	0.7130	2002802	142597	1860205	0.5194	1458924	103874	1355051
6	2022	200,000	2809034	0.6663	1871778	133268	1738510	0.4556	1279758	91117	1188641
7	2023	200,000	2809034	0.6227	1749325	124550	1624775	0.3996	1122595	79927	1042667
8	2024	200,000	2809034	0.5820	1634883	116402	1518482	0.3506	984732	70112	914620
9	2025	200,000	2809034	0.5439	1527928	108787	1419142	0.3075	863800	61502	802299
10	2026	200,000	2809034	0.5083	1427970	101670	1326301	0.2697	757720	53949	703771
11	2027	200,000	2809034	0.4751	1334552	95019	1239533	0.2366	664666	47323	617343
12	2028	200,000	2809034	0.4440	1247245	88802	1158442	0.2076	583041	41512	541529
13	2029	200,000	2809034	0.4150	1165649	82993	1082656	0.1821	511439	36414	475025
14	2030	200,000	2809034	0.3878	1089392	77563	1011828	0.1597	448631	31942	416689
15	2031	200,000	2809034	0.3624	1018123	72489	945634	0.1401	393536	28019	365516
16	2032	200,000	2809034	0.3387	951517	67747	883770	0.1229	345207	24578	320628
17	2033	200,000	2809034	0.3166	889268	63315	825953	0.1078	302813	21560	281253
18	2034	200,000	2809034	0.2959	831092	59173	771919	0.0946	265625	18912	246713
19	2035	200,000	2809034	0.2765	776721	55302	721420	0.0829	233005	16590	216415
20	2036	200,000	2809034	0.2584	725908	51684	674224	0.0728	204390	14552	189838
					24147037	9335672	14811365		13571430	7709114	5862316
				NPV	14811365			NPV	5862316		
				BCR	2.586534			BCR	1.760440		
				IRR	19%			IRR	14%		

Apêndice 6 Custo e benefícios totais da restauração de mangais

		TC	TB	DF	PV da tuberculose	PV de custo	NPV
Não.	Ano	(VND 1000)	(VND 1000)	11%	(VND 1000)	(VND 1000)	
1	2017	2,950,000	0	0.9009	0	2657658	-2657658
2	2018	2,950,000	702259	0.8116	569969	2394286	-1824317
3	2019	2,950,000	1404517	0.7312	1026971	2157015	-1130044
4	2020	200,000	2809034	0.6587	1850398	131746	1718652
5	2021	200,000	2809034	0.5935	1667025	118690	1548335
6	2022	200,000	2809034	0.5346	1501824	106928	1394896
7	2023	200,000	2809034	0.4817	1352995	96332	1256663
8	2024	200,000	2809034	0.4339	1218914	86785	1132129
9	2025	200,000	2809034	0.3909	1098121	78185	1019936
10	2026	200,000	2809034	0.3522	989298	70437	918861
11	2027	200,000	2809034	0.3173	891260	63457	827803
12	2028	200,000	2809034	0.2858	802937	57168	745768
13	2029	200,000	2809034	0.2575	723366	51503	671863
14	2030	200,000	2809034	0.2320	651681	46399	605282
15	2031	200,000	2809034	0.2090	587100	41801	545299
16	2032	200,000	2809034	0.1883	528919	37658	491261
17	2033	200,000	2809034	0.1696	476504	33927	442577
18	2034	200,000	2809034	0.1528	429283	30564	398718
19	2035	200,000	2809034	0.1377	386741	27536	359206
20	2036	200,000	2809034	0.1240	348415	24807	323609
					17101721	8312881	8788840
				NPV	8788840		
				BCR	2.0573		
				IRR	15%		

Fonte: Compilado pelo estudante para este relatório

Siglas: TC = custo total, TB = benefício total, DF = factor de desconto, PV = valor presente, VAL = valor presente líquido, BCR = rácio benefício - custo, TIR = taxa interna de retorno

Apêndice 7: Resultados de meta-análise sem regressão

	Revista	Título do estudo	Autor(es)	Objectivo do estudo	Resultados		Comentários
					Valor máximo por ha por ano	Valor mínimo por ha por ano	
1	Elsevier (Economia Ecológica 29)	A base ecológica para a valorização económica da produção de alimentos do mar proporcionada pelos ecossistemas de mangais	(Rönnback, 1999)	Estimar o valor de mercado da pesca de captura apoiada por ecossistemas de mangais	US$ 16,750	US$ 750	Valores globais
2	Associação Económica Internacional Ocidental	Conservação de Mangues de Valorização na Tailândia	(Sathirathai & Barbier, 2001)	Avaliar os benefícios dos manguezais em comparação com a conversão em aquacultura	US$32,437	Não indicado	O valor inclui todos os EGS fornecidos pelos ecossistemas de mangais
3	Portal de Investigação	Estado actual e futuro das florestas de mangue do mundo	(Alongi, 2002)	Avaliar as tendências e características salientes da resposta dos ecossistemas de mangais às tendências futuras	US$ 6793	Não indicado	Valor global de 10.000 dólares

Anexo 8: Resultados da meta-análise sem regressão (continuação)

	Revista	Título do estudo	Autor	Objectivo do estudo	Resultados		Comentários
					Valores máximos por ha por ano	Valor mínimo por ha por ano	
4	N/A Tese de mestrado do Imperial College London	Avaliação dos Benefícios dos Mangais na Produção de Lagoas de Peixe em Ajuy, Panay Island, Filipinas	(Jaworska, 2010)	Contribuir com provas de apoio à protecção e reabilitação dos mangais	US$ 11,282	US$ 775	Estes são apenas valores de produtos da pesca
5	Elsevier (Indicadores Ecológicos 23)	Revisão dos métodos de avaliação dos ecossistemas de mangais	(Vo et al., 2012)		US$230	US$100	Estes eram os valores da pesca suportados pelos mangais combinados com outros usos
6	Elsevier (Economia Ecológica 1)	Valores de serviço dos Ecossistemas no Sudeste Asiático: Uma meta-análise e abordagem de transferência de valores	(M. Brander et al., 2012)	Fornecer uma estimativa da alteração do valor do EGS	US$ 4,185	US$ 289	Valores globais

Apêndice 9. Impactos das alterações climáticas na aquacultura (2010 - 2020) - Delta do Rio Mekong, Vietname

Apêndice 3.1 Possíveis Impactos das Alterações Climáticas no Custo de Produção do Pangasius

Impacto	Mudança total nos custos durante os próximos Dez Anos	Contribuição das Alterações Climáticas (CC)	Impacto no orçamento de base devido às alterações climáticas
O nível da água aumenta em 20-30cm (FC)	Os custos das diques aumentam 2,5 vezes	Os custos das diques aumentam 40% devido ao CC	O TFC aumenta em 35%
Preparação da lagoa	Aumento de 30% dos custos	30% devido ao CC	Aumento dos custos em 9%
Aumento dos custos de alimentação	O FCR aumenta de 1,68 para 1,75	40% devido ao CC	FCR aumenta em 1,44% para 1,71
Aumento dos custos de alimentação	Os preços das rações aumentam 1,5 vezes	40% devido ao CC	Os preços das rações aumentam em 60%
Custos dos medicamentos	Os custos aumentam 2,5 vezes	25% devido ao CC	Os preços das rações aumentam em 60%
Combustível, electricidade	Os custos aumentam 20%	30% devido ao CC	Aumento de 62,5%
Duração da colheita	Aumento da duração em 1,5 meses (27%)	30% devido ao CC	Aumento da duração em 1,8 semanas
Taxa de sobrevivência	Cai de 95% para 85% (10,5%)	30% devido ao CC	10% de declínio

Fonte: Relatório DERG-CIEM para o Ministério do Planeamento e do Investimento(DERG - CIEM, 2010)

Apêndice 3.2 Possíveis Impactos das Alterações Climáticas no Custo de Produção do Camarão

Impacto	Impacto nos custos	Contribuição das Alterações Climáticas (CC)	Impacto no orçamento de base devido às alterações climáticas
O nível da água sobe por 20-30 cm	Os custos de alimentação (TFC) aumentam 2,5 vezes	40% devido ao CC	Aumentar em 35%
Aumento dos custos de alimentação	O FCR e os preços das rações aumentam	20% devido ao CC	O FCR e os preços das rações aumentam 2,6%

O custo dos medicamentos aumenta	Custos duplicam	35% devido ao CC	Aumentar em 35%
A taxa de sobrevivência aumenta	Aumento geral (devido à tecnologia)	10% de declínio devido ao CC	10% de declínio
Aumento do custo do combustível	Os custos aumentam 20%	40% devido ao CC	Aumento de 8%

Fonte: Relatório DERG-CIEM para o Ministério do Planeamento e do Investimento(DERG - CIEM, 2010)

Apêndice 10: Alterações climáticas e parâmetro de produção na área de estudo

Apêndice 10.1

Monthly rainfall at some stations by Year, Cities, provincies and Month

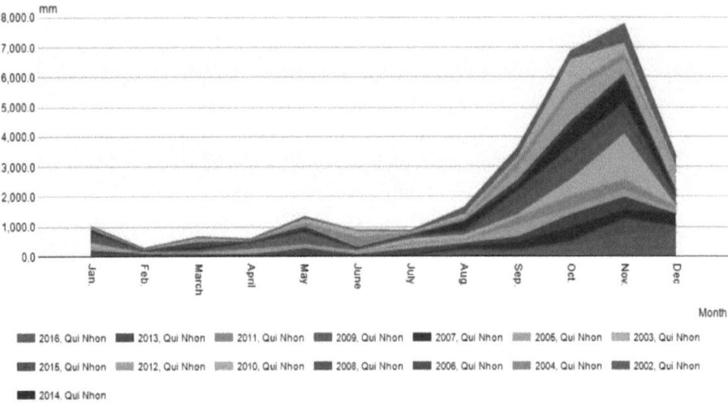

Fonte: Gabinete Geral de Estatística do Vietname (GSO, 2016)

Apêndice 10.2

Average of sea level at some stations by Year, Station and Month

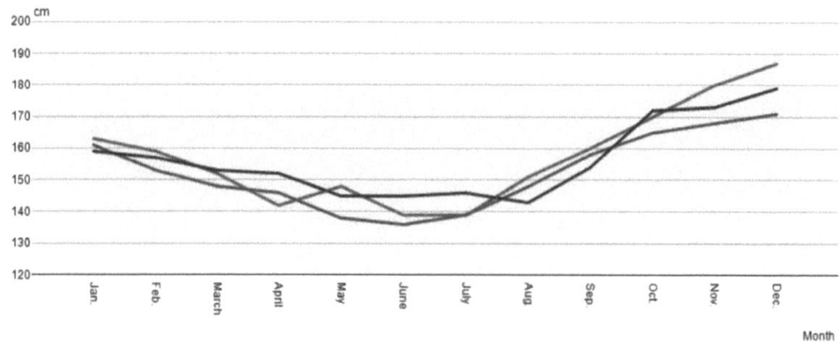

2016, Quy Nhon — 2015, Quy Nhon — 2014, Quy Nhon

Fonte: Gabinete Geral de Estatística do Vietname (GSO, 2016)

Apêndice 10.3

Mean air temperature at some stations by Cities, provinces and Year

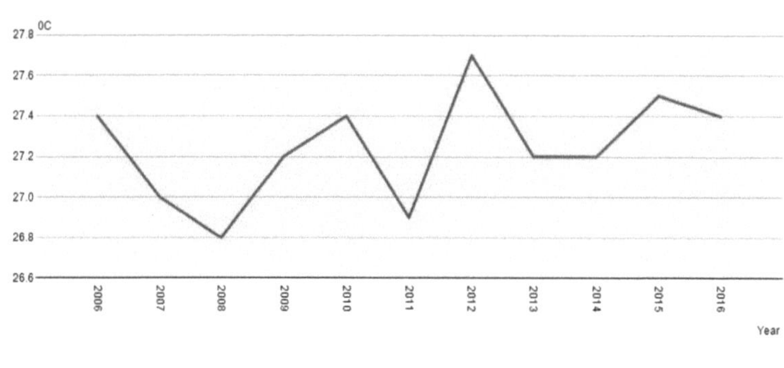

Fonte: Gabinete Geral de Estatística do Vietname (GSO, 2016)

Apêndice 10.4

Production of aquaculture by province by Cities, provincies and Year

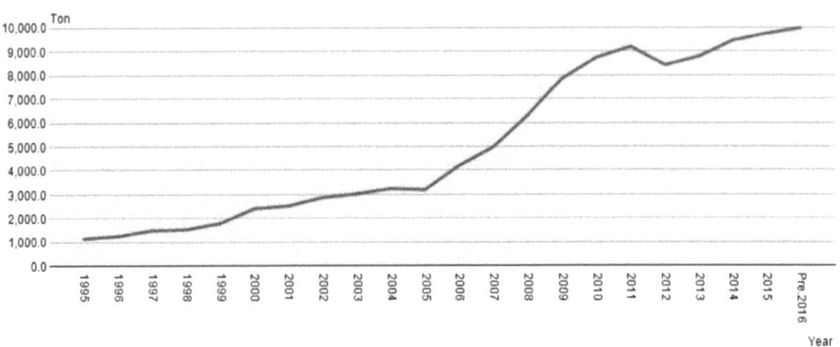

Fonte: Gabinete Geral de Estatística do Vietname (GSO, 2016)

Apêndice 10.5

Exports of goods by kinds of economic sectors and by commodity group by Items, Kinds of economic sectors and commodity group and Year

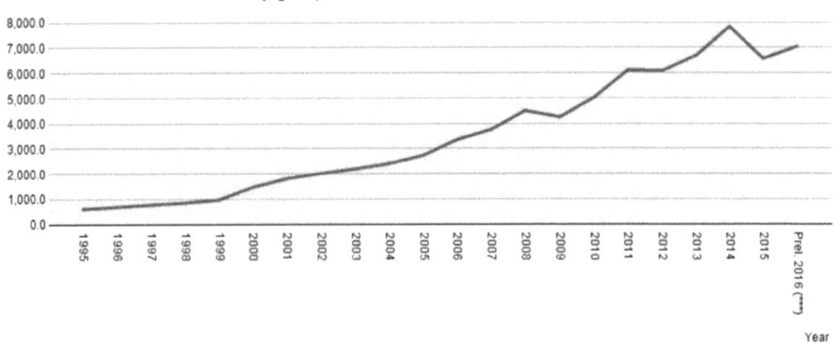

Fonte: Gabinete Geral de Estatística do Vietname (GSO, 2016)

Anexo 11: Questionário

QUESTIONNAIRE

(BANG CAU HOI)

Somos estudantes pós-graduados na Faculdade de Pós-Graduação da Universidade Nha Trang. Como parte das nossas teses de Mestrado em Gestão de Ecossistemas Marinhos e Alterações Climáticas, estamos a realizar investigação sob a supervisão do Professor Dr Kim Anh Nguyen, da Professora Margrethe Aanesen e do Professor Curtis Jolly. **Convidamo-lo** a participar no nosso estudo. O **objectivo dos estudos** é Avaliar os Benefícios Económicos da Restauração de Manguezais à Luz dos Eventos Climáticos e Análise de Custo-Benefício do Programa de Restauração de Manguezais como Estratégia de Mitigação da Mudança Climática na Lagoa De Gi Os **métodos** envolverão a administração de questionários e a realização de FGDs. Os **benefícios** deste estudo para se chegar a uma recomendação para fins académicos, mas os decisores políticos também podem utilizar. **Não há riscos** envolvidos e a **sua participação** é voluntária. A **confidencialidade e o anonimato estão** assegurados. E no caso do seu trabalho ser **citado,** não será feita qualquer referência à sua identidade.

Chúng tôi là học viên Thạc sĩ chuyên ngành Quản lý hệ sinh thái biển và Biến đổi khí hậu của Trường Đại học Nha Trang. Chúng tôi đang làm luận văn văn Thạc sĩ dưới sự hướng dẫn của Giáo sư Nguyễn Thị Kim Anh, Giáo sư Margrethe Aanesen và Giáo sư Curtis Jolly. Chúng tôi mời ông/ bà tham gia trả lời phỏng vấn vấn số số đề liên quan đến đề tài nghiên một. Mục đích của của nghiên cứu là để Đánh giá lợi ích kinh tế cảnh việc trồng rừng ngập mặn trong bối của biến đổi khí hậu cũng như để phân tích chi phí và lợi ích tính việc trồng rừng ngập mặn như là một biện biện pháp ứng phó với biến đổi khí hậu ở Định Đầm Đề Gi, tỉnh Bình Định. Phương pháp sử dụng dụng là phỏng vấn thông qua bảng câu hỏi và theo hình thức thảo luận nhóm. Kết quả của nghiên cứu sẽ được dùng cho mục đích học tập và tham khảo, bên cạnh đó kết quả nghiên cứu cũng cũng có thể phục vụ cho việc quản lý và xây dựng chính sách quản lý rừng ngập mặn ở ở địa phương. Sự tham gia của ông/ bà là hoàn toàn tự nguyện. Những thông tin cá nhân của ông/ bà sẽ được đảm bảo giữ kín.

PARTE A

INFORMAÇÃO SOCIOECONÓMICA DE BASE (THÔNG TIN CHUNG)

Nesta secção do questionário é-lhe solicitado que forneça a sua informação biográfica bem como sócio-económica. As suas informações são especificamente para aplicações estatísticas.

Trong phần này, ông/ bà được hỏi về một số thông tin cá nhân và thông tin kinh tế xã hội. Những thông tin này sẽ được sử dụng dụng cho mục đích thống kê.

1. Qual é o seu género? (Giới tính)

   O Masculino (Nam)   O Feminino (Nữ)

2. Estado civil (Tình trạng hôn nhân):

   O Único (Độc thân)   O Casado (Đã kết hôn)   O Outros (Khác)

3. Qual é a sua idade? (Tuổi)

   O De 15 a menos de 20 anos (Từ 15 đến dưới 20 tuổi)

   O De 20 a menos de 30 anos (Từ 20 tuổi đến dưới 30 tuổi)

   O De 30 a menos de 50 anos (Từ 30 tuổi đến dưới 50 tuổi)

   O Mais de 50 anos (Lớn hơn 50 tuổi)

4. Qual é o nível educacional que completou? (Trình độ học vấn)

   O Nenhum (Chưa từng từng đi học)   O Primário (Tiểu học)

   O Secundário (Trung học)   O Instituto técnico (trung cấp nghề)

   O Colégio (Cao đẳng)   O Universidade (đại học)

   O Outros; Especificar: .... (Khác, cụ thể:.................. .)

5. Qual é o seu estatuto profissional? (Nghề nghiệp của ông/bà)

   O Trabalhador independente - outros negócios (Kinh doanh cá thể)

   O Trabalhador do governo (Cán bộ nhà nước)

   O Empregado de empresa privada (nhân viên làm việc tại các doanh nghiệp tư nhân)

   O Agricultor; especificar: .... (Nông dân, cụ thể:.............. ...)

   O Reformado (Đã nghỉ hưu)

   O Outros; especificar: .... (Khác, cụ thể:........................ .)

6. Número de pessoas que vivem no lar (Số thành viên trong gia đình ông bà): ....

7. Número de pessoas que dependem do agregado familiar para o sustento (Số người phụ thuộc trong gia đình ông/bà):…………… ...

8. Qual é o seu rendimento anual total (soma total dos rendimentos como: salários, salários, pensões, juros de poupança, e quaisquer outros) (Tổng thu nhập bình quân hàng năm của gia đình ông/bà (Bao gồm: tiền công, tiền lương, lương hưu, lãi tiết kiệm, và tất cả các khoản thu nhập khác)?

   O Menos de 100.000.000 VND (dưới 100.000.000 VND)
   O De 100,000,000 VND para menos de 200,000,000 VND
   (từ 100,000,000 VND đến dưới 200,000,000 VND)
   O De 200,000,000 VND para menos de 300,000,000 VND
   (từ 200,000,000 VND đến dưới 300,000,000 VND)
   O De 300,000,000 VND para menos de 400,000,000 VND
   (từ 300,000,000 VND đến dưới 400,000,000 VND)
   O De 400,000,000 VND para menos de 500,000,000 VND
   (từ 400,000,000 VND đến dưới 500,000,000 VND)
   O Mais de 500,000,000 VND (trên 500,000,000 VND)

9. Qual é a sua comuna (Địa chỉ hiện tại)?

   O O meu Thanh O O meu gato O O meu Chanh
   O Gato Minh O Cat Khanh

PARTE B:

ALTERAÇÕES CLIMÁTICAS (BIẾN HẬU BIẾN KHÍ ĐỔI)

1. Há quanto tempo vive nesta zona (Ông/ bà sinh sống ở khu vực này trong bao lâu)?

   O Menos de 5 anos (dưới 5 năm)
   O De 5 a menos de 10 anos (từ 5 đến dưới 10 năm)
   O De 10 a menos de 20 anos (từ 10 đến dưới 20 năm)
   O De 20 a menos de 30 anos (từ 20 đến dưới 30 năm)
   O Mais de 30 anos (trên 30 năm)

2. Já ouviu falar das alterações climáticas (Ông/ bà đã từng nghe về Biến đổi khí hậu chưa)?

O Sim (Có) O Não (Không)

3. Se sim (pergunta 2), onde recebeu a sua informação sobre as alterações climáticas (Nếu có (câu hỏi 2), ông/ bà có được những thông tin về biến biến đổi khí hậu từ đâu?

O TV/rádio (Tivi/rádio) O Jornais (Báo chí)

O Brochura de informação do governo (Tuyên truyền của chính quyền địa phương)

O Conferências/reuniões comunitárias (Hội nghị, tập huấn)

O Outros, especificar:…………………… (Khác, cụ thể:……………)

4. De que efeitos ou alterações foi informado (Những ảnh hưởng hay thay đổi gì mà ông bà được thông báo)?

O Intrusão de água salgada (Nước mặn xâm nhập)

O Desaparecimento de algumas espécies (Sự tuyệt chủng của một số loài)

O Alterações de temperatura (Thay đổi về nhiệt độ)

O Alteração no pH (Thay đổi độ pH)

O Aumento da frequência dos tornados (Tăng tần suất xảy ra bão)

O Aumento da erosão (Sạt lở đất)

O Outros, especificar: …………………… (Khác, cụ thể:…………… .)

5. Pensa que as alterações climáticas afectaram a Lagoa De Gi (Theo ông/ bà biến đổi khí hậu có ảnh hưởng đến đầm Đề Gi không)?

O Sim(Không) O Não (Không)

6. Em caso afirmativo (pergunta 5), que efeito observou? ou foi informado (nếu có, câu 5, những ảnh hưởng đó là gì)?

O Intrusão de água salgada (Sự xâm nhập nước mặn)

O Desaparecimento de algumas espécies (Sự tuyệt chủng của một số loài)

O Alterações de temperatura (Sự thay đổi về nhiệt độ)

O Alteração do pH (Sự thay đổi về độ pH)

O Aumento da frequência dos tornados (Tăng tần suất xảy ra bão)

O Aumento da erosão (Sạt lở đất)

O Outros, especificar: …………………… Khác, cụ thể:…………… ...

7. Se sim (pergunta 5), acha que estas alterações afectaram os seus rendimentos (nếu có, câu 5, theo ông/ bà những thay đổi đó có ảnh hưởng đến thu nhập gia đình không)?

O Sim(Có) O Não (Không) O Não tenho a certeza (Không chắc)

8. Em caso afirmativo (pergunta 7), pode estimar a perda de rendimentos da aquicultura e da pesca (Nếu có, câu 7, ông/ bà có thể ước lượng sự thất thoát trong thu nhập từ đánh đánh bắt và nuông trồng thủy sản?

O Menos de 10% (dưới 10%)

O De 10% a menos de 20% (Từ 10% đến dưới 20%)

O De 20% a menos de 30% (Từ 20% đến dưới 30%)

O De 30% a 40% (Từ 30% đến dưới 40%)

O De 40% a 50% (Từ 40% đến dưới 50%)

OMais de 50% (Hơn 50%)

9. Em caso afirmativo (pergunta 7), irá apoiar os esforços governamentais que irão mitigar estes impactos das alterações climáticas no seu rendimento (Nếu có, câu 7, ông/bà có có hỗ trợ chính quyền địa phương để hậu ứng phó với những ảnh hưởng của của biến đổi khí hậu?

O Sim (Có) O Não (Không) O Não tenho a certeza (Không chắc)

10. Acha que a restauração dos mangais será uma boa estratégia de mitigação e adaptação às alterações climáticas para a Lagoa De Gi (Theo ông/bà việc phục hồi rừng lược ngập mặn có phải là một chiến lược tốt để ứng phó và thích nghi với biến biến đổi khí hậu ở ở Đầm Đề Gi?

O Sim(Có) O Não (Không) O Não tenho a certeza (Không chắc)

11. Em caso afirmativo (pergunta 10), de que forma pensa que a restauração dos mangais será uma boa estratégia para a mitigação das alterações climáticas e adaptação à Lagoa De Gi (Nếu có, câu 10, theo ông/ bà phục hồi rừng ngập lợi mặn sẽ mang lại những lợi ích như thế nào trong chiến lược ứng phó và thích nghi với biến đổi khí hậu ở Đầm Đề Gi?

O Estabilização dos níveis de salinidade (Ổn đinh đinh độ mặn)

O Remoção de toxinas (Loại bỏ độc tố)

O Sequestro de CO_2 (Hấp thu khí CO_2)

OPrevenção de intrusão de lama (Ngăn chặn chặn bùn sâm nhập)

O Controlo do nível de pH (Kiểm soát độ pH)

O Outros, especificar: .... (Khác, cụ thể:..................)

PARTE C:

ECOLOGIA E BIODIVERSIDADE (SINH THÁI VÀ ĐA HỌC SINH DẠNG

1. O que acha que é o estado actual da biodiversidade na Lagoa De Gi (Theo ông/bà tình trạng đa dạng sinh học hiện tại của Đầm Đề Gi là gì ?

   O Extremamente degradado (Suy giảm nghiêm trọng)

   O Moderadamente degradado (Suy giảm nhiều)

   O Degradado (Suy giảm)

   O Não degradado (Không suy giảm)

2. Observou alguma alteração na estrutura da zona húmida da Lagoa De Gi nos últimos 10 anos (Ông/ bà có nhận thấy bất kỳ thay đổi nào về cấu trúc của vùng đất ngập nước ở Đầm Đề Gi trong 10 năm qua?

   O Sim (Có) O Não (Không)

3. Em caso afirmativo (pergunta 2), que mudanças estruturais observou (Nếu có, câu 2, những thay đổi đó là gì)?

   O Intrusão de água de lama (Bùn xâm lấn)

   O Redução da área de manguezal (Suy giảm diện tích rừng ngập mặn)

   O Alteração do padrão de crescimento do mangue (Thay đổi khả năng phát triển của rừng ngập mặn)

   O Outros, especificar:............ . Khác, cụ thể:..................... ...

4. Compreende a função de um pântano (Ông/ bà có hiểu về cấu trúc của hệ sinh thái đất ngập nước?

   O Sim (Có) O Não (Không) O Não tenho a certeza (Không chắc)

5. Se sim (pergunta 4), nos últimos 10 anos, observou alguma alteração na função da zona húmida da Lagoa De Gi (Nếu có,câu 4, trong 10 năm qua, ông/ bà có nhận thấy bất kỳ thay đổi nào trong cấu trúc hệ sinh thái đất ngập nước ở đầm Đề Gi?

O Sim (Có) O Não (Không) O Não tenho a certeza (Không chắc)

6. Em caso afirmativo (pergunta 5), que tipo de alterações observou (nếu có, câu 5, những thay đổi đó là gì)?

   O Não pode dar rendimentos suficientes (Không đủ khả năng tạo ra thu nhập như trước)

   O Não consegue suportar algumas das espécies de vida animal (Không đủ khả năng hỗ trợ các loài sinh vật phát triển)

   O Aumento de doenças entre as espécies de peixe (Tăng dịch bệnh ở các loài cá)

   O Outros, especificar: …………… Khác, cụ thể:……………. .

7. Concorda que as florestas de mangue apoiam a biodiversidade (Theo ông/bà rừng ngập mặn có hỗ trợ đa dạng sinh học không?

   O Sim (Có) O Não (Không) O Não tenho a certeza (Não tenho a certeza)

8. Em caso afirmativo (pergunta 7), de que forma pensa que as florestas de mangue apoiam a biodiversidade (Nếu có, câu 7, theo ông/ bà rừng ngập mặn hỗ trợ đa dang sinh học như như thế nào)?

   O Como local de reprodução de espécies (Làm nơi sinh sản cho nhiều loài sinh vật)

   O Como criadeira para jovens (Làm nơi sinh trưởng của ấu trùng)

   O Remoção de toxinas da água (Loại bỏ chất độc trong nước)

   O Outros, especificar: ……………… ... Khác, cụ thể:…………………

9. Pensa que a conservação e restauração de mangais irá aumentar o benefício que recebe (Theo ông/bà việc bảo tồn và phục hồi rừng rừng ngập mặn có mang lại nhiều lợi ích cho người dân?

   O Sim (Có) O Não (Không) O Não tenho a certeza (Không chắc)

10. Em caso afirmativo (pergunta 9), que benefícios serão aumentados? (Seleccione todas as que se aplicarão) (Nếu có, câu 9), những lợi ích đó là gì?)

    O Aumento das espécies (Gia tăng số lượng loài)

O Aumento da quantidade de peixe para colheita (Gia lăng sản lượng lượng cá đáng bắt được)

O Doenças reduzidas (Làm giảm dịch bệnh)

O Outros, especificar: .... Khác, cụ thể:...............

PARTE D:

BENEFICIA DE FLORESTAS DE MANGUE E DA SUA BIODIVERSIDADE (LỢI HỆ ÍCH HỆ HỆ HỆ MẶN VÀ MẶN SINH THÁI RNM)

Qual dos seguintes benefícios da área florestal de mangue é importante para si (Những lợi ích nào mang lại từ rừng ngập mặn mà quan trọng đối đối với ông/bà?

Benefícios (Lợi ích)	**Nenhum (Không)**	**Alguns (Một vài)**	**Bastante (Nhiều)**	**Não sei (Tôi không biết)**
Frutos do mar (Hải sản)				
Rendimento da pesca (Thu nhập từ đánh đánh bắt thủy sản)				
Aquacultura (Nuôi trồng)				
Recreação (Giải trí)				
Produtos florestais (Sản phẩm phẩm nghiệp)				
Investigação (Nghiên cứu)				
Habitat para a vida selvagem e espécies de aves (Cung cấp hệ sinh thái cho động vật hoang dã và nhiều loài chim)				
Protecção contra inundações e tempestades (Phòng chống bão lũ)				
Benefícios para a geração futura (Mang lại lợi ích cho thế hệ sau)				
Outros, especificar: .... (Khác, cụ thể:......... .)				

PARTE E:

BENEFÍCIOS E CUSTOS DA AQUICULTURA (CHI PHÍ VÀ THỦY ÍCH DOOISD TRỒNG NUÔI VỚI TRỒNG VỚI)

1. Que métodos de produção aquícola utiliza (Phương thức nuôi trồng mà ông bà áp dụng)?

   O Intensivo (Nuôi thâm canh) O Extensivo (Nuôi quảng canh)

2. Cultiva mangues à volta das suas lagoas (Ông/ bà có trồng rừng ngập mặn xung quang ao nuôi không?

   O Sim(Có) O Não (Không)

3. Qual é a área da sua lagoa (Diện tích ao nuôi của ông/bà)? ....
4. Há quanto tempo é uma aquacultura (Ông/ bà đã là nghề nuôi trồng thủy sản bao lâu)?.................
5. Quanto ganha em média por mês em aquicultura (Thu nhập hàng tháng từ nghề nuôi trồng thủy sản là bao nhiêu?

   O Menos de 1.000.000 VND (Ít hơn 1.000.000 VND)

   O De 1.000.000 VND para 3.000.000 VND (Từ 1.000.000 VND đến 3.000.000 VND)

   O De 3.000.000 VND para 5.000.000 VND (Từ 3.000.000 VND đến 5.000.000 VND)

   ODe 5.000.000 VND para 10.000.000 VND (Từ 5.000.000 VND đến 10.000.000 VND)

   O Mais de 10.000.000 VND (Nhiều hơn 10.000.000 VND)

6. Custo da aquacultura - Quais são os custos anuais de cada um dos itens de produção abaixo (Chi phí đầu tư hàng năm mà ông bà bỏ ra là bao nhiêu?

Não	Artigos	Camarão (Tôm)	Peixe (Cá)	Caranguejo (Cua)	Outros (Khác)	Total (Tổng cộng)
1.	Sementeira (Con giống)					
2.	Alimentação (Thức anw)					
3.	Pond maintenance and improvement (Chi phí cải tạo và sửa chữa ao nuôi)					
4.	Custo do aluguer (Chi phí thuê đất)					

5.	Custo de mão-de-obra (Chi phí thuê nhân công)					
6.	Outros (Chi phí khác)					
7.	Custo total (Tổng cộng)					

7. Colheita - Pode fornecer detalhes da sua colheita (Sản lượng thu hoạch hàng năm)?

Não	Artigos (	Camarão (Tôm)	Peixe (Cá)	Caranguejo (Cua)	Outros (Khác)	Total (Tổng cộng)
1	Colheita (kg) (Sản lượng)					
2.	Preço de venda (Giá bán)					
3	Rendimento da colheita (Thu nhập từ nuôi trồng thủy sản)					

PARTE F

BENEFÍCIOS E CUSTOS DA PESCA (zona húmida das mangas) (LỢI ÍCH VÀ CHI PHÍ TỪ NGHỀ ĐÁNH BẮT THỦY THỦY SẢN TRONG KHU VỰC ĐẦM ĐỀ GI0

1. Há quanto tempo é pescador (Ông bà là nghề đánh đánh bắt thủy sản trong bao lâu?.................
2. Quanto ganha todos os meses com a pesca (Thu nhập từ nghề nuôi trồng thủy sản hàng tháng là bao nhiêu)?
   O Menos de 1.000.000 VND (Ít hơn 1.000.000 VND)
   O De 1.000.000VND para 3.000.000 VND (Từ 1.000.000 VNĐ đến 3.000.000 VND)
   O De 3.000.000 VND para 5.000.000 VND (Từ 3.000.000 VND đến 5.000.000 VND)
   ODe 5.000.000 VND para 10.000.000 VND (Từ 5.000.000 VND đến 10.000.000 VND)
   O Mais de 10.000.000 VND (Nhiều hơn 10.000.000 VND)
3. Pesca - Pode preencher os detalhes da produção anual no quadro abaixo (Ông bà vui lòng điền vào bảng dưới đây)?

Não	Espécie (Loài)	Colheita(kg/dia) (Sản lượng)	Preço (VND/kg) Giá bán	Número de dias (Số ngày đánh bắt trong năm)	Rendimento (Thu nhập)
1.	Caranguejo (Cua giống)				

2	Caranguejo Juvenil (Cua giống)				
3	Camarão (Tôm)				
4	Peixe (Cá)				
5	Ostra (Hàu)				
6	Outros (Khác)				
Total (Tổng cộng)					

4. Custo da pesca - Pode preencher os itens de custo da sua captura na tabela abaixo (Ông bà vui lòng điền vào bảng dưới đây)?

Não	Artigos (Khoản mục)	Custo em VND (Chi phí)
1	Materiais de pesca (Dụng cụ đánh bắt)	
2	Depreciação do equipamento (Chi phí khấu hao)	
3	Custo do combustível (Chi phí nhiên liệu)	
4	Custo de mão-de-obra (Chi phí nhân công)	
Total (Tổng cộng)		

PARTE G:

RESTAURAÇÃO DE MANGUEZAIS (NGẬP HỒI PHỤC PHỤC PHỤC HỒI)

1. Já ouviu falar do **programa de restauração de** manguezais na Lagoa De Gi (Ông/ bà có biết về dự án trồng rừng rừng mặn ở ở Đầm Đề Gi không)?

   O Sim(Có) O Não (không)

2. Aprova que o programa de protecção e restauração dos mangais tenha lugar na Lagoa De Gi (Ông/ bà có thừa nhận rằng nên chương trình trồng phục hồi và bảo vệ rừng ngập mặn nên được hành ở Đầm Đề Gi không?

   O Aprovar absolutamente (Hoàn toàn đồng ý) O Aprovar (Đồng ý)

   O Neutro/absorvente (Trung lập) O Desaprovar (Không đồng ý)

   O Absolutamente desaprovar (Hoàn toàn không đồng ý)

3. Quão importantes são as seguintes razões para proteger e restaurar os mangais na Lagoa De Gi (Những lý do dưới đây quan trọng như thế nào đến việc trồng phục hồi và bảo vệ rừng ngập mặn trong Đầm Đề Gi?

Razões para a restauração e protecção dos mangais (Lý do bảo vệ và phục hồi rừng ngập mặn)	Absolutamente importante Cực kỳ quan trọng	Muito Importante Rất quan trọng	Importante Quan trọng	Não importante Không quan trọng	Absolutamente não importante Hoàn toàn không quan trọng
As florestas de mangue são uma fonte de bens que apoiam a subsistência local (RNM là người cung cấp các hàng hóa hỗ trợ sinh kế địa phương					
As florestas de mangue são uma fonte de					

serviços que apoiam a subsistência local (RNM là nguồn cung cấp dịch vụ hỗ trợ sinh kế địa phương)					
Os manguezais são uma fonte de serviços recreativos (RNM là nguồn cung cấp các dịch vụ giải trí)					
As florestas de mangue são uma fonte de serviços de regulação, tais como protecção contra tempestades , protecção contra inundações, erosão (RMN là nguồn cung					

cấp các dịch vụ					
Os manguezais são um bom filtro de sedimentos (RNM hấp thu tốt					
As florestas de mangue são um bom tanque de carbono (RMN là hấp thu carbon tốt)					
As florestas de mangue podem trazer benefícios para as gerações futuras (RNM mang lại lợi ích cho thế hệ sau)					
As florestas de mangue podem servir de laboratório para					

investigação académica (RNM là nơi tốt để tiến hành các nghiên cứu khoa học)					
A floresta de mangue fornece habitats e locais de reprodução para várias plantas e organismos (RNM cung cấp hệ sinh thái và môi trường sinh sản cho nhiều loài động thực vật)					

4. WTP - Está disposto a pagar pela protecção e restauração dos mangais na Lagoa De Gi (Ông/ bà có sẵn lòng chi trả cho việc bảo vệ và trồng phục hồi rừng rừng ngập mặn ở đầm Đề Gi ?

   O Sim (Có) O Não (không)

5. Em caso afirmativo (pergunta 4), quanto está disposto a pagar por hectare (Nếu có, câu 4, số tiền tối đa ông/ bà sẵn lòng chi trả là bao nhiêu trên 1 hecta) ?

   O Menos de 50.000 VND, quanto ……. (Ít hơn 50,000 VND, bao nhiêu:……)

   O 50,000 VND O 100,000 VND

O 150,000 VND O 200,000 VND

O 300,000 VND O 400,000 VND

O 500,000 VND

O Mais de 500.000 VND; quanto ……... (Nhiều hơn 500.000 VND, bao nhiêu:.......)

6. Se sim (pergunta 4), qual é a razão da sua vontade de pagar (Nếu có, câu 4, đâu là lý lý do để ông bà chi trả?

   O Benéfico para a minha família (Lợi ích cho gia đình tôi)

   O Benéfico para a minha comunidade (Lợi ích cho cộng đồng)

   O Benéfico para as gerações futuras (Lợi ích cho thế hệ sau)

   O É um programa interessante (Đây là một chương trình hay)

   O Outros, especificar:………… . (Khác, cụ thể:……………. ...)

   O Não tenho a certeza (Không chắc)

7. Que métodos de cobrança do pagamento prefere (Ông/ bà chọn cách chi trả nào dưới nào dưới đây)?

   O Incluído na conta de electricidade (Bao gồm trong hóa đơn tiền điện)

   O Incluído na factura da água (Bao gồm trong hóa đơn tiền nước)

   O Incluído nas tarifas do terreno (Bao gồm trong tiền thuê đất)

   O Pagamento em dinheiro por mês (Trả bằng tiền mặt hàng tháng tháng)

   O Outros, especificar:………… (Khác, cụ thể:………… .)

8. Em caso negativo (pergunta 4), qual é a razão para não ser o WTP (Nếu không, câu 4, đâu là lý do)?

   O A minha família não tem dinheiro para esta contribuição (Gia đình tôi không có tiền để để đóng góp)

   O Não acredito que este programa tenha bons resultados (Tôi không tin rằng chương chương trình này sẽ mang lại kết quả tốt)

   O Penso que é responsabilidade do Governo (Tôi nghĩ rằng đây đây là trách nhiệm của chính quyền)

   O Penso que este programa não é importante (Tôi nghĩ rằng chương trình này là không cần thiết)

   O Não recebo qualquer benefício da floresta de mangue. (Tôi không có được bất kỳ lợi từ ích nào ngập rừng ngập mặn)

O Penso que o meu pagamento não é necessário para este programa (Tôi nghĩ việc việc chi trả của tôi là không quan trọng)

O Outros, especificar:……… (Khác. Cụ thể:……………)

O Não tenho a certeza (Không chắc)

Apêndice 12: Guia de Tópicos FGD

GUIA TÓPICO DOS FGDs

TÓPICO 1: RESTAURAÇÃO DE MANGUEZAIS

1. Nos últimos 19 anos tem havido algum programa de restauração de mangais na lagoa De Gi e quem esteve envolvido?
2. Que tipo de co-actividades sob a forma de seminários foram realizadas?
3. Qual tem sido a resposta das comunidades?
4. Quais eram as fontes de financiamento e quais eram os níveis de financiamento?
5. Quais foram os benefícios e custos do programa de restauração de mangais?

TEMA 2: GESTÃO AMBIENTAL DO ECOSSISTEMA DOS MANGUEZAIS

1. Que práticas de gestão é que o governo pôs em prática, se é que existem?
2. O que é que as comunidades contribuem sob a forma de co-gestão?

TEMA 3: DESENVOLVIMENTO DA AQUACULTURA

1. Utilização da terra para aquicultura - Qual a quantidade de terra que está a ser utilizada para aquicultura actualmente?
2. Rendimento - Qual é a capacidade de produção das lagoas Binh Dinh, De Gi e outras na VND?
3. Quantidade de colheita - Qual é a produção em aquacultura, pesca da província de Binh Dinh
4. Custo - Quais são os custos envolvidos na aquicultura e na pesca?
5. Benefício da restauração dos manguezais na aquacultura

TÓPICO 4: GRANDES DESAFIOS DA RESTAURAÇÃO DE MANGAIS

1. Quais são as principais fontes de ameaças para o programa de restauração de mangais?
2. Quais são as ameaças naturais?
3. Quais são as ameaças antropogénicas?
4. Como lidar com estes desafios?

TÓPICO 5: BENEFÍCIOS PERCEBIDOS DA RESTAURAÇÃO DE MANGAIS

1. Será que as comunidades pensam que os programas de restauração são benéficos?
2. Os membros da comunidade concordam que a restauração dos mangais deve ter lugar na Lagoa De Gi?

TÓPICO 6: RESPIGA

1. Existem actividades como a exploração de madeira e a extracção de madeira?
2. Existem actividades de fabrico de carvão vegetal?

Anexo 13: Guia de Entrevista de Peritos

GUIA PARA ENTREVISTAS DE OPINIÃO DE PERITOS

I. FUNCIONÁRIO DO GOVERNO

1. Pensa que a introdução da zona de não captura e dos encerramentos parciais produzirá benefícios para a pesca e a aquicultura nas zonas húmidas da Lagoa De Gi? (pesca)
2. Que benefícios de conservação podem as boas práticas de aquacultura produzir? (pesca)
3. Que factores de stress antropogénicos crónicos observou nas zonas húmidas e que medidas, se é que as observou, tomou para superar esses factores de stress? (efeitos antropogénicos)
4. Tem um programa que identifica a propagação de agentes patogénicos existentes e emergentes nas zonas húmidas; e tem alguma estratégia para mitigar e gerir os efeitos? (alterações antropogénicas/climáticas)
5. Desenvolveu algum objectivo de conservação e procedimentos para a recuperação da biodiversidade perdida? (ecossistema de manguezais)
6. Na sua opinião, quais são as implicações das alterações climáticas para as zonas húmidas da Lagoa De Gi em termos de subida do nível do mar e que melhorias poderiam ter as medidas de restauração na saúde do ecossistema das zonas húmidas? (Alterações climáticas)
7. Tem fornecido mensagens, conceitos e competências críticas para melhorar a compreensão pelas comunidades das alterações climáticas e da conservação das zonas húmidas relacionadas com as alterações climáticas? (alterações climáticas)
8. Já realizou um exercício de mapeamento de áreas de migração de espécies que podem ter sido causadas pelo impacto das alterações climáticas? (alterações climáticas)
9. Tem alguns métodos e ferramentas para envolver os membros da comunidade na conservação do ecossistema das zonas húmidas? (cidadania ecológica)
10. Quais são, na sua opinião, as mensagens, conceitos e competências mais críticos que devem ser comunicados aos membros da comunidade, a fim de reforçar a cidadania ecológica? (política)

11. Pensa que uma boa política e avaliação dos impactos cumulativos das alterações climáticas das zonas húmidas pode melhorar a conservação nas zonas húmidas da Lagoa De Gi? (Política)

Anexo 8: FGD e ficha de autorização de entrevista de peritos

FGD, ENTREVISTA DE OPINIÃO DE PERITOS E FOLHA DE CONSENTIMENTO PRÉ-TESTE

Somos estudantes pós-graduados na Faculdade de Pós-Graduação da Universidade Nha Trang. Como parte das nossas teses de Mestrado em Gestão de Ecossistemas Marinhos e Alterações Climáticas, estamos a realizar investigação sob a supervisão do Professor Dr Kim Anh Nguyen, da Professora Margrethe Aanesen e do Professor Curtis Jolly. **Convidamo-lo** a participar no nosso estudo. O **objectivo dos estudos** é Avaliar os Benefícios Económicos da Restauração de Manguezais à Luz dos Eventos Climáticos e Análise de Custo-Benefício do Programa de Restauração de Manguezais como Estratégia de Mitigação da Mudança Climática na Lagoa De Gi Os **métodos** envolverão a administração de questionários e a realização de FGDs. Os **benefícios** deste estudo para se chegar a uma recomendação para fins académicos, mas os decisores políticos também podem utilizar. **Não há riscos** envolvidos e a **sua participação** é voluntária. A **confidencialidade e o anonimato estão** assegurados. E no caso do seu trabalho ser **citado,** não será feita qualquer referência à sua identidade.

NÃO	NOME	LUGAR	DATA	COMENTÁRIOS/ ANSWRES	SIGNATURA
1					
2					
3					
4					
5					

6					
7					
8					
9					
10					
11					
12					
13					
14					
15					
16					
17					
18					
19					
20					

Printed by Books on Demand GmbH, Norderstedt / Germany